大樂文化

大樂文化

大樂文化

行銷高手都想上這堂

訂價科學

9方法，讓你學會「算透賺三倍」的技術！

珍藏版

良い値決め　悪い値決め
きちんと儲けるためのプライシング戦略

田中靖浩◎著　黃瓊仙◎譯

目次

Contents

第7章

比它還便宜？超級業務員最常用的「比較訂價策略」 203

向幸福的「優質訂價」邁進！

「劣質訂價」，賣再多也無法增加獲利。
「優質訂價」，只要賣出就能獲利。
「劣質訂價」，以自己的成本為基準來制訂價格。
「優質訂價」，以顧客滿意度為基準來制訂價格。
「劣質訂價」，追求「好東西便宜賣」。
「優質訂價」，追求「好東西賣高價」。
「劣質訂價」，是DOG（敗犬）的環境，大家都在削價競爭。
「優質訂價」，是CAT（勝貓）的世界，目標是讓人愉悅的高價。

D O G

Digital	Online	Global
（數位科技）	（線上網路）	（全球化）

↓

C A T

Cozy	Analog	Touch
（舒適）	（類比）	（接觸交流）

前言
好價格，消費者感動、公司賺裡子；壞價格，消費者冷漠、老闆沒面子

「爸爸，給我錢買隱形眼鏡。」

每隔幾個月，女兒會跟我要錢去購買隱形眼鏡，我都會說「好」，然後給她一萬日圓。現在，隱形眼鏡以拋棄式商品為主流，消費者都是一次購買幾個月的分量。

當我把錢給女兒時，不禁想起自己學生時代的往事。那時候，隱形眼鏡非常昂貴，一片高達兩、三萬日圓，但是在清潔鏡片時，經常發生不小心掉入洗臉台而沖掉的糗事，因此許多孩子都曾為此被父母責罵。當時，只有經濟富裕、雙親非常疼愛孩子的家庭，會買隱形眼鏡給子女配戴。相較之下，現在的小孩真是幸福。

現在，一片拋棄式隱形眼鏡大約八〇日圓，相較於以前的售價，確實便宜許多。

但是，隱形眼鏡業者並未廉價銷售商品，而是想辦法把廉價的特性隱藏起來。廠商先打出「清潔、健康」的口號，然後透過「為了保持清潔與健康，每週（每天）都要更換新鏡片」的行銷訴求，建議消費者使用拋棄式鏡片。

仔細想想，使用者都是一次大量購買超便宜鏡片，每天用過之後，不會去清洗而是丟掉。他們沒察覺，其實鏡片的品質與以往差不多，沒有太大改變。

因為隱形眼鏡是戴在眼睛裡，使用者會擔心用到便宜劣質產品。如果廠商的行銷訴求是「超便宜，一片只要八〇日圓」，人們可能會嚇到不敢買。也就是說，拋棄式隱形眼鏡之所以熱銷，不是因為改良商品品質，而是行銷手法有獨到之處。

再介紹我家的另一個場景。

兒子在廚房裡問我：「奇怪？起司不夠耶，爸爸，是不是你吃掉了？」

他找出起司片和火腿，準備製作三明治，結果發覺異樣。如果依照平常的習慣，幫每個家人做一份三明治，起司應該剛剛好，但現在少了一片。

我回答：「爸爸沒吃喔！」

兒子一臉訝異地問：「那麼，是誰吃掉的呢？」

其實，那時候我已知道兇手是誰，然而我煩惱要不要把答案告訴兒子。這就像是推理小說中「出乎意料的兇手」，但還是小學生的兒子能理解嗎？

各位也都想到誰是兇手吧？沒錯，是生產起司片的公司。這家公司將每包起司的片數，從八片減為七片。

一旦東西漲價，消費者便感到痛苦。平常習慣購買的食品稍微調漲價格，就會讓他們倍感壓力。因此，最近食品公司都採取「單價不變、減少內容物」的對策。就起司而言，單價不變，內容物從八片減為七片，就是「變相漲價」。

人們總是對價格敏感，對價格以外的事卻意外遲鈍。食品公司知道消費者有這種特性，於是採取「減少內容物」的變相漲價策略。

請各位讀者在恍然大悟之餘，啟動觀察力。你是否覺得，不知道從何時開始，周遭每項商品都變少變小了，例如：洋芋片和杯裝冰淇淋的分量變少。如此說來，最近面紙或衛生紙好像都用得特別快。

賣便宜與賣貴，命運大不同

拋棄式隱形眼鏡只是將行銷訴求換成「清潔、健康」，就不會給人廉價的印象，而且能讓消費者大量購買。食品公司沒有採取會讓消費者感到痛苦的漲價策略，而是採用減少內容物的變相漲價方式。

這兩個例子有一個共通點，就是先發生在美國地區。近年，美國有許多活用行銷學與心理學進行訂價的案例，所有的案例都以顧客為中心，在擬訂銷售與價格策略時，不是考量公司或成本，而是以顧客的想法或感情為出發點。

日本過去以「Made in Japan」為招牌，在製造業贏得勝利。然而，迄今依舊拘泥於商品品質，一直思考「降低成本、削減售價」的事。美國過去在製造業敗給日本，後來深切反省，發展出站在顧客立場思考的訂價與行銷技術。對於「訂價」這個主題，不僅商學院開設課程，出版社也發行許多書籍。

從拋棄式隱形眼鏡與起司片的案例，可以看出在歐美地區，訂價策略早已超越單純的「降價與漲價」思考模式，而誕生出許多嶄新的手法。

訂價先進國的美國與起步較晚的日本，兩者之間的差距正逐漸擴大。二十世紀初，美國汽車產業開啟工業社會之門。後來，後起之秀日本超越先驅美國。到了二十一世紀，美國以資訊業、服務業，再度超越日本。現今，在資訊業、服務業孕育出的訂價技術方面，美國一路遙遙領先。

「追趕、被追趕，超越、被超越，後起之秀贏過先驅者」，世界不斷重複上演這樣的歷史。

在訂價理論與技術方面，日本現在不能甘於落後，要以款待文化再次超越美國。在此同時，全世界的公司行號與專業工作者，是不是應該有所作為呢？

因此，我決定撰寫一本適合商務人士，連一般人也能輕鬆學習的訂價理論與技巧書籍。

我將帶領大家，回顧日本和美國的歷史中與訂價有關的案例，並且從管理會計學中挑選出訂價相關內容，輔以實例和圖表來說明。此外，會觸及行銷學、行為經濟學（商業心理學）等領域，介紹對大家有幫助的要訣。

本書可說是繼財務會計、管理會計之後的價格會計書籍。我將以訂價為主軸，說明思考模式如何從原本的「重視營業額」，轉換成「重視獲利」。

現在社會上，仍然深深殘留著過去好景氣時代「重視營業額」，以及製造業全盛期「採行成本訂價」的思考模式。

許多人認為絕對必須改變，卻陷入不知道該從何處開始改變的痛苦深淵。本書將為各位提供以價格為主軸的全新觀念。

近幾年日本物價下滑，不只是因為經濟不景氣與通貨緊縮，更受到社會數位化進展所影響。隨著數位科技持續進步，未來某些特定職業的薪資將持續下滑，這與經濟能否擺脫不景氣沒有什麼關係。

從事資訊、服務、稅務、社會保險相關行業的人必須注意，你們的薪資很可能因為工作內容，而變成無薪狀態。而且，通往無薪的滅亡之路已經開啟。

對於已到來的「敗犬」（DOG，Digital＝數位科技、Online＝線上網路、Global＝全球化）環境，本書將提供因應的思考模式與方法。

為了擺脫低價，我們要建立屬於自己的訂價哲學，並學會如何制訂顧客滿意的高價格。如此一來，不需要在敗犬環境裡掙扎，而是直接提升到不須削價競爭的「勝貓」（CAT，Cozy＝舒適、Analog＝類比、Touch＝接觸交流）世界。

由衷建議各位，從持續削價流血廝殺的敗犬環境（紅海），移轉到讓顧客感覺舒適的勝貓環境（藍海），本書將指引前進的方向。

本書的內容結構是從訂價數字（第一章至第三章），到行銷學、行為經濟學（第四章至第八章）。總括地說，第一章至第三章牽涉到數字運算而難度較高，第四章以後的內容比較淺顯易懂。

請各位讀者務必先閱讀到第三章，只要突破那些與數字相關的部分，接下來便海闊天空。

我們費盡心思製造出完美產品，以十足的款待精神提供服務，卻甘於廉價銷售的結局。這樣下去實在令人惋惜，必須想辦法改變現況。

我衷心希望，本書能讓越來越多人具備「有信心以高價銷售商品」的思考模式。

PRICING

第1章

為什麼重視營業額，卻是讓公司陷入賠錢的元兇？

有一天，一位擔任公司經營者的朋友突然問我：「可不可以幫我看看公司帳目？」我請他準備幾年份的決算書，然後想像自己是福爾摩斯，開始審視帳目上的數字。

到目前為止，從大企業、中小企業到自營商，我已看過各行各業的帳目。累積許多經驗之後，我有個重大發現：努力賣命經營卻不賺錢的公司，有個共通點就是營業額至上。

當景氣惡化時，如果過度重視營業額，公司將陷入不幸。執意追求營業額，卻招來不好的後果，真是得不償失。

事態如此嚴重，當然不能漠視不理。接下來，我們一起解決問題，解開「公司陷入不幸」之謎。

勤勞致富嗎？那可不！這年頭的遊戲規則已經改變

營業額增加有良性也有惡性

請問各位一個問題：小時候，在什麼情況下，最容易贏得雙親的讚賞？

①考試成績班上第一名。
②接受身高體重檢查，被認定為健康優良兒童。
③上學從未遲到缺席，拿到全勤獎。

你是否選擇①呢？

恐怕，許多人都認為①才能贏得雙親的讚賞。相較於健康或做事認真，小孩的學業才是最重要。因此，當考試成績好或是通過名校窄門時，就會獲得雙親稱讚。

再請問各位另一個問題：你認為以下哪種公司是最佳企業？

①員工人數多的公司
②產品數量多的公司
③營業額高的公司

絕大多數的人應該都會選擇③吧？

在日本，特別重視公司營業額，關注焦點集中在營業額的多寡，而不是員工人數或是產品數量。

就像是認為聰明孩子會獲得雙親稱讚一樣，大家也有個迷思，認為營業額高的公司就是好公司。為什麼會這樣想？老實說，這沒有什麼深奧的理由。

具體地說，許多公司社長會在公司簡介中載明：「本公司年營業額達數億日圓。」人們看到這樣的數字，會隱隱感受到一股「怎麼樣?很厲害吧？」的自豪。

不單是經營者，第一線的員工似乎也只在意營業額。當營業額增加就開心，營業額跌落就愁眉苦臉。這些人很喜歡比較公司前一年的營業額，經常使用「與去年同期相比」這個名詞。

每位業務員都整天在想：「如何增加營業額？」但說來諷刺，這種執著卻是導致業績惡化的元兇。

全日本的業務員，都絞盡腦汁在思考如何提升營業額，但弔詭的是，即使達成目標，公司獲利卻沒有增加。原因在於，為了提升營業額，只好降價促銷。

現今與過去景氣好的時候大不相同，即使降價也賣不出去。在這種情況下，如果價格太低，即便提升營業額，利潤卻越來越薄。因此，同樣是提升營業額，卻有「良性」與「惡性」之分。

良性營業額提升，獲利增加。

惡性營業額提升，獲利減少。

只要掌握了導致上述差異的數字結構，就是跨出了拯救公司的第一步。

「便宜就會賣」的時代已經不再來

接下來，請各位參照圖表1-1，來玩個猜謎遊戲。

Y公司的營業額，從八千億日圓提升至九千億日圓。相較於前一年，營業額成長約一〇%。那麼，獲利情況如何呢？

雖然營業額提升，但別開心得太早。重點在於，要認清是良性營業額提升，還是惡性營業額提升？

因此，必須將營業額的數字，分成「銷售價格P」與「銷售數量Q」這兩個項目來檢視。決定銷售價格，就是本書的主題「訂價」。

由於營業額是「已決定的銷售價格乘以銷售數目」，因此當售價壓得太低時，將

圖表 1-1　營業額成長10%，獲利是多少？

單位：億日圓

去年		▶	今年	
營業額	8,000		營業額	9,000
營業成本	6,000		營業成本	?
毛利	2,000		毛利	?

導致惡性營業額提升。

通常，降低售價時，消費者會見獵心喜而大量購買，於是銷售數量增加。不過，銷貨成本將變成怎麼樣呢？

我們回到Y公司的例子，其實Y公司是指山田電機。山田電機堪稱日本規模最大的家電量販店，因為展店家數大增，於是營業額大幅攀升。但二〇一三年，傳出山田電機的營業利益出現赤字的消息。

之前，山田電機即便遭遇雷曼兄弟金融風暴，依然能夠持續獲利，現在卻傳出這樣的消息，讓我大感震驚。

將山田電機二〇一二年第二季至第三季的決算資料，與二〇一三年第二季至第三季做比較，可以發現營業額從八，六〇〇億增加到八，九七六億日圓，成長超過一〇%。但是，營業利益居然轉為赤字虧損。

情況如同圖表1-2所示，呈現出「增收減益」（營業額增加、獲利減少）的結構。當獲利轉為赤字，最該注意的數據是毛利（gross margin）。從圖表1-2可以看到，雖然營業額增加，但毛利減少。從數字可以推測，這是過度降價導致的結果。

降價過頭，連獲利都被侵蝕掉

一直以來，大家都知道，山田電機的毛利率在同業中算是很高。
業界規模最大的山田電機，具有大量採購的壓倒性議價實力，用比競爭對手還低的價格進貨商品，也就是說，進貨的數量越大，進貨的價格越低。這就是物流業的「規模效益」（scale merit）。

然而，山田電機卻面臨過度降價的負面力量，它將大量進貨的規模效益完全抵消。

圖表 1-2　山田電機的營業利益轉為赤字

單位：億日圓

	決算書 2012 / 4～9		決算書 2013 / 4～9
營業額	8,060		8,976
營業成本	6,025		6,959
毛利	2,035（25%）	▶	2,017（22%）
銷售管理費	1,821		2,041
營業利益	214		▲24

當山田電機的營業利益轉為赤字時，家電業者恰好面臨「數位電視熱潮」衰退的衝擊。

雖然家家戶戶都想將家裡的一般電視，更換為熱門的數位電視，但是這樣的熱潮結束後，營業額滑落的力道也非常強烈。於是，山田電機為了找回失去的營業額，而大幅降價。

事實上，問題不僅於此。在同一時期，家電量販店業者為新一波的「要求降價風潮」傷透腦筋。「要求降價風潮」是指，消費者用手機，秀出網路商店的商品超低價格，要求店員將價格降到與網路商店一樣。

這就是所謂的「展示廳現象」（showrooming），消費者先到實體商店確認想買的商品，然後在網路上以比實體商店還便宜的價格購買商品。

在展示廳現象盛行的時代，受苦於營業額減少的山田電機店員，在面對消費者提出降價要求時，最後總會迫於無奈調降價格。

經營成本低的網路商店，以超低價格攻擊實體商店。一旦實體商店業者答應降價，就會出現惡性營業額提升。

請看看實際數字，山田電機的毛利率（毛利占銷售收入的百分比）從二五％跌至二二％。可見得，惡性營業額提升會降低毛利率。

一直以來，大家都認為愛電王（Edion）、澱橋相機（Yoddobashi Camera）、必客家美樂（Bic Camera）等家電量販店，是山田電機的同業宿敵。

但是，現在出現了出乎意料的競爭對手，那就是超低價網路商店。神出鬼沒的網路商店不曉得是從哪裡進貨商品，再以超便宜價格進攻市場。

從網路突然出現看不見的敵人，最讓人害怕。面對神出鬼沒的低價游擊隊，若只為了追逐高營業額，就用更低價的策略回擊，是極度危險的行為。

奉守會計法則？「營業額－成本＝利潤」其實是陷阱

當價格下跌時，得小心惡性營業額提升！

「在六本木閒晃的男人不是好東西」、「胸部大的女性腦袋不靈光」，大家都知道這樣的觀念是成見。

其實，「營業額提升，利潤也會增加」這句話，也是一種先入為主的想法。然而，許多經營者迄今仍然深信不疑。

有時候，雖然價格下降可以使營業額提高，但是利潤卻減少。因此，我們必須事先清楚知道，**當營業額增加時，會出現「利潤增加」與「利潤減少」這兩種不同的結**

果。

接下來，舉出一個具體的數字案例來說明。去年，X款薄型電視機的營業額是五百萬日圓（售價五萬日圓×銷售數量一百台）。銷貨成本是三百萬日圓，也就是以一台三萬日圓的進貨單價，採購一百台。營業額減掉銷貨成本之後的毛利，是兩百萬日圓。

假設這一季想要提升營業額，以「營業額成長二〇％＝六百萬日圓」為目標。然而，即使達到「營業額六百萬日圓」的目標，利潤有可能增加，也有可能減少。其中，售價是良性營業額提升與惡性營業額提升的臨界點。

修正之前的降價情況，將售價從五萬日圓提升至六萬日圓，就是良性營業額提升。在這種情況裡，毛利會從去年的兩百萬日圓，增加到三百萬日圓。相對地，如果將售價從五萬日圓降到四萬日圓，就是惡性營業額提升。這時候，毛利會從去年的兩百萬日圓，減少為一五〇萬日圓。

惡性營業額提升的最佳具體案例，是前文介紹過的山田電機的「增收減益」。

當價格滑落時，提出「重視營業額」的方針非常危險。低價風潮狂吹之際，一旦

圖表 1-3　良性營業額提升vs惡性營業額提升

去年

營業額　500萬日圓（5萬日圓×100台）

－ 營業成本　300萬日圓（3萬日圓×100台）

毛利　200萬日圓

良性營業額提升

營業額　600萬日圓（6萬日圓×100台）

－ 營業成本　300萬日圓（3萬日圓×100台）

毛利　300萬日圓

惡性營業額提升

營業額　600萬日圓（4萬日圓×150台）

－ 營業成本　450萬日圓（3萬日圓×150台）

毛利　150萬日圓

經營者下達「提升營業額」的指示，部屬為了達成目標，只好決定大降價。

在現今這個時代，連日本最大家電量販店的山田電機，也跌入「大量採購的規模效益，不敵過度降價的負面力量」這樣的困境。因此，「價格下跌時，重視營業額」的策略，正是再辛苦也賺不到錢的真兇！

管理會計的45度線分析是個騙局

在日本，許多經營者都抱持這種迷思：「只要營業額增加，一切就會順利。」他們會有這種想法，像我這樣的會計專家要負起部分責任。會計師、稅務代書、大學教授等人撰寫的會計學教科書，通常會運用圖表1-4的「四十五度線分析」，來說明營業額、成本及利潤之間的關係。

所謂「成本」，包含變動成本與固定成本。變動成本是指，當營業額增加時，數字會等比增加的成本，例如進貨成本等。固定成本則與營業額的增減無關（請參見圖表1-4的上半部）。

畫上四十五度的營業額線之後，會出現「損益臨界點」（或稱作「收支平衡點」）。當營業額比損益臨界點還要高時，就有獲利；當營業額比損益臨界點還要低時，就會虧損（請參見圖表1-4的下半部）。應該有很多人都看過這樣的說明。

學過這個定律的人要仔細聽我說：「這個圖表是個騙局。」說這是騙局可能太過火，應該說這是兒童看的童話故事比較恰當，因為這個圖表隱藏著「銷售單價固定」

圖表 1-4　管理會計學基本理論：45度線分析

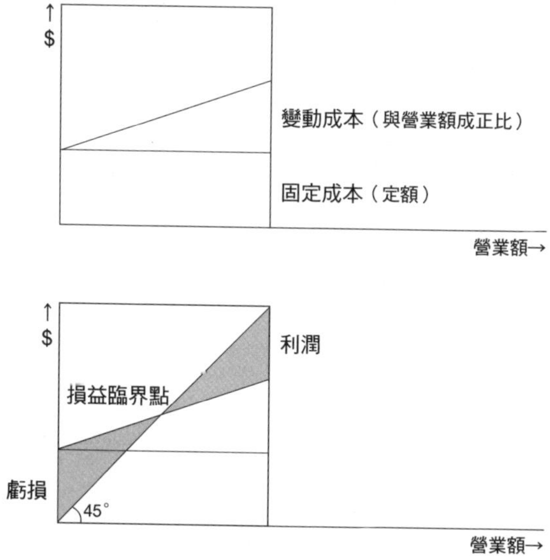

這個重要假設條件。

愛因斯坦曾說：「在這世界上，單純比較好，但是過度單純化並不好。」四十五度線分析，正如同愛因斯坦所說的「過度單純化」。

總而言之，「銷售單價固定」的條件，根本是過度偏離事實的假設條件。

若看看相關書籍舉出的一些例子，會發現在實際做生意時，根本不可能完全不降價。換句話說，損益臨界點的圖表，其實不適用於世界上大多數的商務活動。

如果信以為真，會誤認為「營業額增加，利潤也會增加」，導致惡性營業額提升，造成利潤減少。

利潤是「一個商品的獲利」累積計算

營業額－成本＝利潤

請各位讀者忘記這個減法公式。從決算書結果論來看，這個公式正確無誤。如果銷售單價固定，這個公式也沒有什麼問題。但是，一旦相信這個減法公式，就會為了增加營業額，而興起降價求售的意念。

在具有降價可能性、價格變動頻繁的商戰裡，千萬不要將這個減法公式當做準則，而要嘗試思考：

利潤（獲利）是「一個商品的獲利」累積計算而來。

所有的買賣，都是從自家「一個商品（或服務）的獲利」開始積沙成塔。

「一個商品的獲利」是指，銷售單價減去進貨單價所得到的金額。能累積多少個商品的獲利，將決定整體獲利的多寡。

一個商品的獲利×銷售數量＝整體獲利

（銷售單價－進貨單價）×銷售數量＝整體獲利

就前文舉出的薄型電視機例子而言，去年的銷售單價是五萬日圓，進貨單價是三萬日圓，於是一個商品的獲利是兩萬日圓。套用上述的公式，當銷售一百台時，整體獲利是兩百萬日圓。

假如要達成今年「良性營業額提升」的目標，將銷售單價從五萬日圓提升為六萬日圓，那麼一個商品的獲利提高至三萬日圓。銷售一百台，整體獲利變成三百萬日圓。

相對地，如果是「惡性營業額提升」，因為銷售單價降為四萬日圓，一個商品的獲利減少一萬日圓。即使銷售一五〇台，整體獲利只有一五〇萬日圓。

上述情況就如同圖表1-5所顯示。請各位留意，假如是良性營業額提升，一個商品的獲利會增加；假如是惡性營業額提升，一個商品的獲利會變薄。

不論是何種形式的買賣，都會產生「一個商品的獲利」數字，將這個數字累積加總之後，就是整體獲利。當整體獲利超越固定成本，企業就產生利潤。

第三章將詳細說明這套公式的結構。在此，請先記住「商務活動是由『一個商品的獲利』累積而成」的觀念即可。

利潤（獲利）不是用減法公式計算出來，而是將一個商品的獲利累計加總的結果。

降價是一種危險行為，會使得「一個商品的獲利」變少變薄，如此一來，即使營業額增加，利潤也會減少。

圖表 1-5　從「一個商品的獲利」，看良性與惡性營業額提升

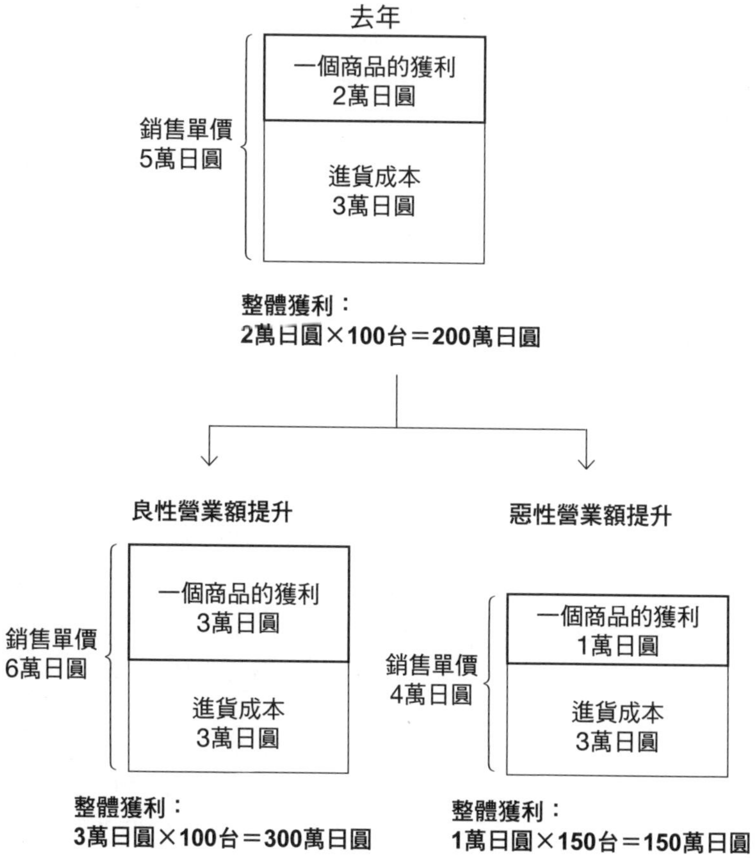

因此，決定生意獲利多寡的關鍵，並非營業額，而是一個商品的獲利。如果銷售實體商品，要思考賣出一個商品能夠獲利多少。如果經營服務業，必須思考提供一次服務可以有多少獲利。這就是做生意的起點。

而且，決定「一個商品的獲利」的勝負關鍵，在於訂價。所以，利潤多寡的關鍵不是營業額而是價格。

薄利多銷？明明達成業績，公司卻倒閉，關鍵是……

規模效益崩盤，掉入惡性循環

當山田電機的營業利益收轉為赤字之際，就是規模效益崩盤的時候。

在過去經濟持續成長的時代，日本的製造業與零售業結為一體，建立起「大量生產、大量進貨、大量銷售」的良性循環。

在這種良性循環下，從承包製造商、大型製造業到物流業等所有的公司，都荷包賺飽。於是，企業擴大事業規模，聘請許多員工，並繳納大量稅金給國家。規模效益讓企業、人民及國家都沉浸在幸福的氛圍當中。

然而，規模效益順利運作的前提是，顧客必須大量購買。如果顧客不願花錢購物，這個良性循環就會停止運作。在日本，近幾年規模效益之所以崩盤，就是因為顧客「即使售價便宜，也不願意購買」。

少子化、高齡化社會導致需求減少，加上物資過度飽和，現在已經從「只要生產就能賣出去」的時代，轉變成「即使售價便宜，也沒人想買」的時代。

但是，仍然有許多企業無視於這樣的現實情況，深信一定能賣出去，而擬訂無理的銷售計畫。這是「重視營業額目標」的觀念在作祟。

應該有很多商務人士，光聽到「營業額目標」（業績目標）就產生一股寒意吧？

簡單地說，**營業額目標是企業為了自身所制訂的管理工具**。

對於消費者來說，企業的營業額目標不但與自己無關，而且無法從中獲得什麼好處。這是企業內部的一種管理工具，跟滿足顧客背道而馳。

大多數的企業會分配大量人力，投入擬訂達成營業額的計畫，如此一來，經驗豐富的業務員不得不離開客戶，關在昏暗房間裡與數字搏鬥。

如果這麼做有意義，還情有可原，但通常毫無意義，而且害處更是不勝枚舉。

圖表 1-6　規模效益的真相

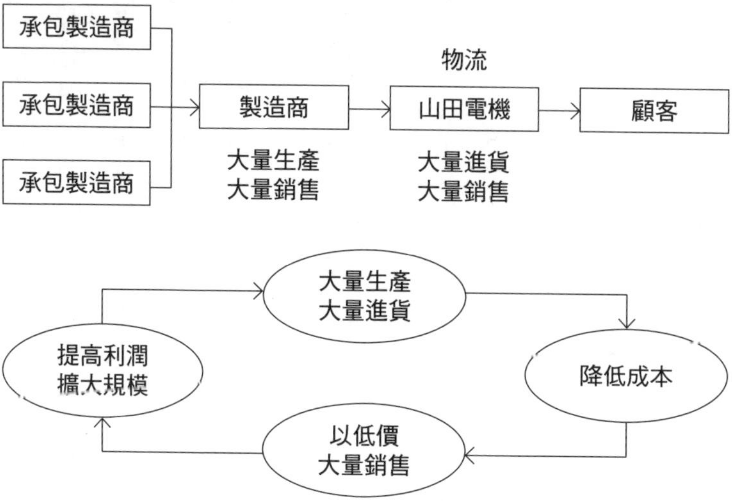

員工感覺不到幸福的「不幸企業」，通常會擬訂為期三年的中期營運計畫，然後將每一年的相關數字填入，擬出年度預算。

但是，在現今嚴重不景氣的時期，根本無法達到目標數字。於是，企業開始懷疑員工沒有奮發工作，甚至嚴厲責備：「都是因為你們不夠努力的關係。」

接著，為了控管員工每天的工作狀況，而引進目標管理制度。於是，業績持續惡化的不幸企業，會依照「中期營運計畫↓年度預算↓目標管理」的順序，來建立制度。

為了擬訂這些公司內部制度，員工耗費許多時間，弄得筋疲力盡，而沒有多餘的心力，思考該如何滿足顧客需求，更沒有辦法思考社區、家人及地球環境等問題。

結果，「相較於地球，我（自己）才是最優先」，企業裡充斥著抱持這種想法的人，滿腦子只在意上司的評價與眼前的營業額數字。

擺脫「營業額至上」的信仰

一般而言，在公司的預估數字當中，最受重視的是營業額。事實上，迄今仍有許多企業，以實際的銷售業績做為獎金犒賞的基準，或是把業績目標的達成率當成人事考核的規範。

在連鎖企業裡，各家連鎖店會較量營業額。在網路商店，店長得不斷自行擬訂提升營業額的方案。月營業額達幾億日圓的店鋪，甚至會在電視上獲得英雄式的報導。

其實，在所有的會計數字當中，營業額是以最客觀方式計算出來的結果。以「銷售價格×銷售數量」計算出來的營業額，沒有絲毫的主觀意識。因此，越是需要針對部門或個人進行考核評比的大型企業，越重視營業額的數字。

假如企業採用「達成營業額目標」的內部管理工具，會引發什麼樣的結果？

誠如大家所見，答案是「必定要降價」。但是，在目前這樣的大環境裡，即使企業降價，消費者也未必買單。降價導致一個商品的獲利減少，反而陷入惡性營業額提升的窘境。

因此，如果不趕快擺脫惡性營業額提升的魔咒，未來人事成本較高的大型企業，可能會刮起減薪、裁員的暴風雨。

我們正處於經濟環境劇烈變化的轉捩點。隨著規模效益應運而生、「重視營業額」的觀念已經落伍。

但是，許多經營者不肯正視這個事實，還打算運用各種手段來提升營業額，重振企業營運的績效。結果，只是讓公司陷入不健康的「營業額虛胖」狀態。

我們應該告別「營業額至上」的信仰，不要像以前那樣重視營業額數字。

現在的大環境不適合規模效益操作手法，大量生產、大量進貨反而有些不利。因此，不論大企業、中小企業或自營商，現在都不是喊「營業額至上」，想辦法降價的時機。

在此誠懇提醒各位留意，千萬不要掉入已落伍的錯誤常識泥沼裡。如果公司陷入這個泥沼，馬上會出現經營危機。當營業額增加，毛利卻減少時，表示已經出現黃燈警訊。

麥肯錫公司創辦人之一的馬文・鮑爾（Marvin Bower），曾經送給所有商務人士一句話：

企業倒閉的最常見原因，不是因為對正確問題提出錯誤答案，而是因為對錯誤問題提出正確答案。

企業若認同營業額至上，可能會走向錯誤的方向。在降價的壓力增強時，重視營業額無疑等同於「對錯誤問題提出正確答案」的行為。

商業活動的目標不在於提升營業額。一味相信「營業額增加就有利潤」的經營者，與相信「只要吃過一次飯就可以談論婚嫁」的人相差無幾。

所以，要趕快擺脫營業額至上的劣質訂價策略，將思考模式轉換為由一個商品的獲利建構而成的優質訂價策略。

本章重點

▼同樣是提升營業額，也有良性與惡性之分。良性營業額提升會讓獲利增加，惡性營業額提升則使獲利減少。

▼利潤是由「一個商品的獲利」累積計算而來。降價會讓一個商品的獲利變少變薄，即便營業額增加，整體獲利也會減少。

▼在少子高齡化社會裡，需求減少，物資過度飽和。我們身處的環境，已經從「只要生產就能銷售出去」，轉變成「即使便宜也沒人想買」。

＊編輯部整理

NOTE

PRICING

第2章

「比價」時代的來臨，難道只能訴求我最便宜嗎？

山田電機的營業利益轉為赤字，其中有個絕不能忽視的原因，就是數位產品的衰退。液晶電視、數位相機、DVD錄放影機等數位家電，在歷經銷售熱潮之後，價格突然開始往下滑落。

如果不想降價，必須了解「數位」的定義，以及價格下滑的原因。以我的觀點來分析，數位產品價格的大幅下滑，是因為數位科技、線上網路、全球化結合成為「不良份子」在作祟。

我將這個不良份子稱為「敗犬」。有些行業一旦被敗犬纏上，就會出現「零報酬」的結果。各位絕對不能忽略這一點。

現在，讓我們一起揭開敗犬的真實面貌。

數位、網路及全球化，導致低價的「敗犬環境」出現

在數位世界，價格容易遭到破壞

「數位」的原始定義為何？

「數位」這個字的原義是人類手指，而我們在計算數目時會數手指，於是這個原義衍生出「使用數字」的意思。

基本上，數位是把數字〇與一組合起來，產生各種變化。它的相反詞是「類比」，意指一連串的變化。因此，數位時鐘是以數字表示時間，類比時鐘是以不斷移動的秒針表示時間。

從前，算數是從計算手指開始，然後演進為使用計量尺或算盤來算數，但是在電腦問世之後，一切都改變了。

電腦最擅長在瞬間處理大量的資料運算。因此，可以運用電腦，將文字、影像、音聲等轉換為微小的數據資料，並且加以計算與保存。這樣的技術開啟了數位時代的序幕。

把記錄於類比錄音設備的樂曲，轉換為數位聲音資料，便成為CD。電視影像、聲音也可以轉換為數位資料，然後透過數位訊號傳送，我們就得以欣賞數位電視節目。現在，文字、圖畫、音聲、影像資料等所有資料，全部都可以數位化處理。

拜科技進步之賜，將各種資訊加工及編輯成數位資料，然後進行傳輸，已變得越來越簡單，而成本也更加便宜。

於是，以電腦為首的各種數位機器的價格直直落。基本上，製造生產數位機器，已經不需要類比工藝技術，只要備妥必需的零件，再加以組裝即可。

豪華、高質感的類比時鐘，只有瑞士的工匠職人才做得出來。至於數位時鐘，中國的工廠就可以製造生產。這就是數位產品的陷阱。

在數位家電市場上，必須與中國、韓國、台灣等低生產成本國家的製造商，進行價格競爭。

從前，運用類比技術製造生產的VHS錄影機，經過八年的時間，價格才會折半。可是，由數位零件組成的DVD錄像機，價格在半年後就立刻腰斬。

由此可知，以錄影機為例，數位產品的價格下滑速度比類比產品快了十六倍！

類比產品的價格不容易滑落，但是數位產品的價格很快就會下滑。

這個法則不只適用於數位機器，也適用於所有的數位資料。

敗犬環境的產業有三個特徵

從前有個名詞叫做「買封套」（buying jacket），是指選購唱片、CD、DVD、書籍等商品時，只因為喜歡外觀設計就購買的行為。我自己有好幾張CD是屬於這種類型的消費。

但是，現今已不是類比唱片的時代，而是數位CD、線上下載的世界。我們可以透過iTunes應用程式購買音樂，也可以在網路上購買數位資料。以前「買封套」的青春時期正式走入尾聲。

書籍也是同樣的情況，紙本書變成電子書，在網路上銷售。報紙、雜誌、漫畫等所有商品，也都變成數位資料，在網路上銷售。

一開始以光碟或紙張形式銷售的數位資料，現在變成直接在網路上傳輸發送。數位資料在網路上可說是如魚得水。文字、聲音、影像，以及數位化的各種資訊，全部都可以透過網際網路，在全世界傳輸流通。我們用電腦或手機，就能瀏覽全球各地的資料。

網路上充斥著各種不用付費使用的內容，人們可以免費盡情瀏覽新聞，於是報紙滯銷了。

山田電機因為展示廳現象，陷入與超低價商店的苦戰當中。

然而，報紙要與免費新聞網站抗爭，情勢則更為嚴峻，因為敵人是「免費」這兩個字，如果想以便宜與其對抗，最後的結局當然是自取滅亡。報紙與「免費」的對抗，讓報業面臨前所未見的強敵。

從數位到網路的過程，勢必掀起另一個風暴，那就是「全球化」。網路的性質原本是在串連全世界，提供資訊者與接收資訊者會全球連結，也是必然的趨勢。在現今這個時代，我們可以透過簡單的方法，免費取得所有國家的訊息或資訊。

在這種由數位、線上網路及全球化所組成的敗犬環境裡，好幾個產業已經被無情地投下「價格下滑」的震撼彈。

一九七〇年代，波士頓顧問集團（Boston Consulting Group，簡稱BCG）提出將經營資源最適切分配的「商品（業務）組合管理」（Product Portfolio Management，簡稱PPM）概念。根據PPM概念，一個企業的事業單位可分為四類：現金牛（Cash Cow）、明星（Star）、問題兒童（Problem Child）、敗犬（Dog）。

其中，敗犬事業的市場成長率與市場占有率都很低，屬於應該檢討是否退出市場的領域。數位時代的敗犬更不容易存活下來，其原因在於，**個人的工作很可能在不知不覺中，受到周遭環境的波及，變成零報酬！**

尤其是，自身的知識、經驗、技術，都能轉換為數位資訊的行業，更要提高警覺，因為已經開始朝向零報酬的死胡同前進了！

《孫子兵法》說：「知己知彼，百戰不殆；知天知地，勝乃可全。」

這段話教導我們，不只是考慮自己，也要仔細觀察敵人，還要了解天文（季節、氣候等時機）、地理（什麼樣的事業領域），再思考該如何應戰。

一般來說，我們只會顧慮自己的強項與弱點，以及敵人的強項和弱點，然而光是這樣並不夠。

什麼時候是好時機？哪個事業領域有發展潛力？人們要仔細認清環境，才會有答案。

數位時代的敗犬環境，具備以下三項特徵：

D：在數位資料的世界裡，模仿、盜用、複製橫行。

O：在線上網路的世界裡，要與整個國家、整個世界的敵手展開低價競爭。

G：在全球化世界裡，工作被低成本國家搶走。

這三項特徵一起出現，就形成敗犬環境。一旦被這隻敗犬咬到，就會陷入「商品遭到複製，與全世界為敵」的低價戰爭裡。

這時候，所有的事業均被迫站在臨界點。

與敗犬競爭，還是迴避競爭？

前方的道路大致上可分為兩種：一種是把這些敗犬當成競爭對手，與他們對抗；另一種則是避開這些敗犬，不跟他們競爭。

現今，大型企業依然在追求規模效益，試圖透過營業額至上的觀念，突破目前的困境。隨著產業的ＩＴ化，大家紛紛呼籲要培育全球化人才，積極朝向國外尋找活路。其實，這樣的作法等於選擇了與敗犬抗爭之路。

經營事業想要成功，必須整合ＩＴ體制，擬訂國外的生產、物流及銷售體制，培育全球化的經營管理人才。

事實上，有些企業選擇這條路，並且打了漂亮一仗。舉例來說，優衣庫（UNIQLO）正面迎戰美國平價服飾龍頭GAP、瑞士平價服裝巨人H&M；宜得利家居（NITORI）與宜家家居（ＩＫＥＡ）一較長短。但即使是大企業，想在這條路上打贏戰爭也不容易。

換句話說，現在正是思考選擇另一條路，不與敗犬競爭的最佳時機。

到底應該要迎戰敗犬，還是避而遠之？抉擇的關鍵是訂價。

未來，若是以持續成長的亞洲為中心，進軍全球，並且活用規模效益，將「生產低價商品」做為目標，就是決定與敗犬進行價格戰。

相對地，如果不追求規模效益，而是以「創造小規模的舒適空間，生產高價商品」為目標，就不必與敗犬競爭。所有的經營者都必須決定要選擇哪一條路，否則未來會被迫掉進降價的地獄。

最近幾年，大型電信公司、電玩軟體製作公司、資訊系統公司等IT企業大放異采。這些閃爍著耀眼光芒的科技產業領域，成為社會新鮮人就職的熱門志願，而變得搶手。

但是，大家要提高警覺。在這些競爭激烈的敗犬業界裡，想賦予商品高價格，可說是比登天還難。許多公司被捲進削價競爭的漩渦，不得已只好削減成本。為了削減成本，當然會把矛頭瞄向人事調整，因此這些業界必然產生許多惡名昭彰的黑心企業。

敗犬型產業的價格競爭，早已持續擴大到其他產業。即使被視為安泰無虞的產業，也開始受到價格競爭的影響。

零報酬的窮忙列車已在全球各地啟動，你該如何因應？

電腦、英語及會計能力，優勢直直落

數位資料的特色，是一再複製也不會影響品質，而複製後可以透過網路流傳全世界，則是讓人頭疼之處。

在現今的社會裡，資訊免費流傳，所有產業的資訊優勢已開始瓦解。與這樣的敗犬競爭時，首當其衝的受害者是把專業知識當成商品銷售的專業人士，像是律師、會計師、稅務代書等職業的報酬將大幅滑落，導致越來越多人即使取得專業證照，也不容易找到工作。

這樣的現象勢必成為社會問題。尤其是與數字為伍的會計師、稅務代書事務所的營運，必定益發困難。

具體地說，以前要支付學費，老師才願意教，現在只要上網搜尋，幾乎所有的問題都能免費知道答案。

有些諮詢顧問專門提供「固定業務」服務，例如：處理帳目、製作財務報表與稅務申報書等，他們的報酬一直在下跌。許多工作項目透過試算表（Excel）或會計軟體，就能自動完成，大幅縮短了作業時間。

於是，許多會計業務現在都外包給亞洲國家。敗犬環境讓長久以來被喻為「鐵飯碗」的會計業界，產生一百八十度的大轉變。

事實上，受影響的不只是專業人士。當資訊優勢瓦解之際，傳遞訊息的報紙或雜誌、教導知識的講師或老師，也是報酬下滑。

以前街道上充斥著電腦補習班的招牌，但最近這樣的景觀越來越難見到，甚至連英語補習班的收費也大幅滑落。

現在，可以透過數位有聲和影像教材，運用電腦學習英語，也可以利用Skype，在線上與老師練習會話。最近，亞洲地區出現網路英語補習班，提供價格低廉的學習機會。

以後，可以透過網路，與住在國外的老師一對一練習英語會話。在這種趨勢下，英語會話補習班的收費勢必日漸便宜。

這種趨勢擴及到網路商店。小型網路商店的店主必須耗費心思設計網頁，並絞盡腦汁想辦法讓貨色齊全。

現在，大企業元氣大傷，殺紅眼地進行人事調整，若個人經營的網路商店能更加活絡，也是產業發展的希望。

但是，當某家網路商店事業有成時，店家的頁面與留言版設計、商品進貨與銷售方法等，馬上會被模仿、複製。影像、設計及訊息都屬於網路上的數位資訊，任何人都能輕易獲取。

這些網路商店的店主告訴我一個名詞：「潛藏的敵手」。潛藏的敵手會偷偷模仿商品或銷售方式，然後稍微賣得便宜一點。

這個敵手若是大型企業，會利用在亞洲國家生產的低價商品，到市場上一決勝負；若是瘋狂的敗犬，一旦纏上你，肯定會沒完沒了，只要咬到你，到最後都不會鬆口放過。於是，你為了對付敵人，只好將商品賣得便宜、再便宜，掉進永無止盡的降價夢魘。

網路的環境沒有祕密，一切事物都會公開。網路商店推出新穎商品，或是採用成效不錯的方法，敵手立刻就會知道，並加以複製。

被敗犬咬住的設計師，好悲哀

在網路世界裡，不論是網路商店的經營訣竅，或是會計師事務所的顧問酬勞，甚至布施和尚的行情，全部都像玻璃一樣公開透明。

販售知識的專業人士、報紙、雜誌、老師或講師擁有的資訊優勢，正在崩盤當中。電腦、英語、會計等商業技能，就像液晶電視一般變成日用品，現在人們已經無法依靠這些技能，出人頭地或是成功轉行。

商品變成日用品之後，其宿命是被迫便宜銷售。把這三項技能當做商品來銷售的學校（補習班），或是具備這三項技能的相關專業人士，正是價格下滑最嚴重的行業。

接下來的話題依舊沉重。在此，先跟大家分享一個灰色故事。說故事之前，我先預言一下：未來，有好幾個行業的酬勞會朝著零報酬的道路前進。

立場最危險的行業，是與敗犬環境太契合的個人服務業。例如：SOHO族設計師、講師、程式設計師等。

在這裡談談我朋友A小姐的故事，她目前正面臨一些困境。A小姐是位設計師，辭去設計公司的工作，自行創業。她在自己家隔壁租借一間小辦公室，從事插畫及設計的工作，所有的作業幾乎都是透過電腦來完成。

她使用繪圖軟體（illustrator）或編輯軟體（photoshop），製作可愛的插畫作品。有時候也會幫企業或個人設計網頁。

在自行創業之初，A小姐因為朋友的介紹，工作不斷上門，還雇用幾位工讀生，可說是生意興隆。但是，她最近一臉憔悴，感覺相當疲累。

我看了很擔心，忍不住問她：「最近好嗎？」她很明白地告訴我：「雖然很忙，但是完全賺不到錢。」於是，我追根究柢探詢箇中原因。

基本上，A小姐的工作是一人作業，營業額等於實賺的報酬。然而，為什麼工作很忙，卻賺不到錢呢？原因在於報酬單價過低。

由於報酬單價過低，必須招攬大量工作，當工作多賺不到錢，就變成所謂的「窮忙族」。忙碌到沒時間做自己想做的事，所有時間和心力全用來完成眼前的工作。

A小姐垂頭喪氣地說：「工作一點都不快樂。」我認為不只是她，眾多服務業SOHO族都有著相同的煩惱。因為插畫或網頁設計之類的工作，實在與敗犬的環境太契合了。

插畫與設計工作的成果，正是標準的數位資料，別人可以輕易模仿。耗費心力製作的設計，一瞬間就可能遭人剽竊。

設計接案可以透過網路上的工作仲介網站去尋找，而報酬的價格則是一直下滑。

其原因在於，設計工作沒有語言條件的限制，在全世界各個國家都能招募到設計師，因此必須與全世界的同業競爭。

A小姐有什麼辦法能夠突破困境？

變動成本為零，可能會做白工

個人只要擁有設計能力和一台電腦，就可以從事設計師的工作。材料費等變動成本幾乎是零。人事費、電腦費用、軟體費用、房租等固定成本，幾乎是整個成本支出。這樣的情況是訂價的重要關鍵。

訂價有個法則：變動成本是決定價格的底線。

假設山田電機以三萬日圓進貨電視，再以六萬日圓賣出，進貨價格等於變動成本三萬日圓，也就是決定售價的底線。

以三萬日圓買進的商品，若以低於三萬日圓的價格賣出，會產生虧損。因此，進貨成本成為決定售價的最低限度。換句話說，可以降價的範圍是到三萬日圓為止。

圖表 2-1　商品與服務的訂價底限有差異

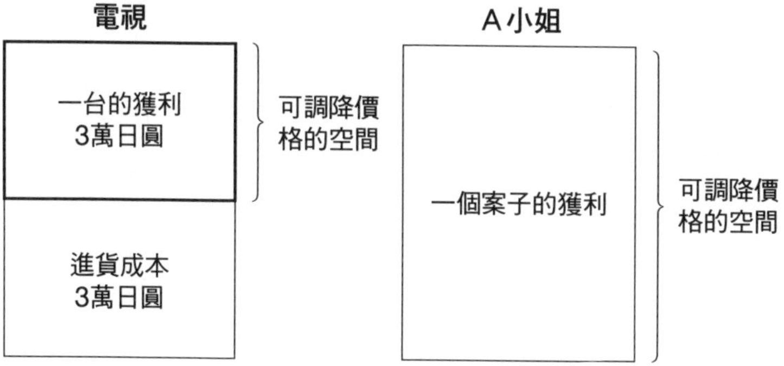

至於前面案例中的A小姐，又是什麼樣的情況呢？

設計業基本上是屬於零變動成本的服務業，也就是報酬可能降到是零（免費）。因為，對於某些人而言，假如沒有接到案子，與其閒閒沒事幹，即使工作報酬只有一萬日圓或一千日圓，還是可能會接下委託。

在這個廣闊世界裡，或許已經有設計師抱持著「假如沒什麼工作，算賺個一千日圓也好」的想法。因此，設計師與敗犬進行價格競爭的結果，是設計報酬朝向零報酬的道路邁進。我們正面臨前所未有、難以抉擇的判斷：「在這股低價狂潮中，我們該如何因應與自處？」

事實上，據說山田電機已經將「授權店長決定價格」的制度，調整為由各地區負責人來決定價格。由於制度改變，不再追隨廉價店一再降價，終於填補二〇一三年度上半年的赤字，使整個年度的營業利益確保為黑字。

山田電機迄今總是標榜低價，但面臨敗犬環境，讓他們下定決心不再降價。可見得，一旦稍微大意，就會被低價狂潮帶著走，開始調降價格；只要沒有下定決心停止降價，降價的引擎將熄不了火。

如此一來，只有尋求其他的降價方法，或是提出聰明的漲價之道。

祕訣是，不要自己出面談價格

我發現Ａ小姐之所以接案報酬偏低，不是因為設計品質、服務內容有什麼問題，而完全是因為她欠缺議價交涉能力。

從與客戶洽談工作內容，到確認交件日程與報價，她一個人包辦所有的工作。其實這樣是不對的，難怪談不到高額的報酬。

個性親切和善、總是滿懷笑容討論工作內容與作業程序的人，到最後談到與錢有關的話題，實在很難開口說：「這麼少的錢我不接。」因為不想被人以為只在乎錢，當對方表示「我只能給這樣的價格」時，也不得不含淚吞下。

像這樣唯命是從的議價交涉方式，即使設計能力再好，也無法獲得高報酬。解決的方法是，要擺脫這種唯命是從的議價交涉，於是我建議A小姐不要自己議價。

握有價格決定權的人在交涉時，基本上很難拒絕低單價或是降價的要求。所以，如果無法像生意人那樣會議價，絕對不要親自進行價格交涉。

這時候，假如出面議價的人遇到對方提出不合理的價格，可以說：「很遺憾，我沒有權力決定價格，我請負責人跟您聯繫」，接著離開現場，不要馬上答應。之後，由負責報價、交涉手腕高明的經理人與客戶聯繫，委婉告訴對方：「這樣的報價太低」，便能掌握議價主導權，向對方提出理想的報酬。這樣就萬事無虞了。

總是做些低報酬的工作、煩惱不已的服務業者，請參考這樣的作法。

但如果沒有交涉手腕高明的經理人，該怎麼辦？現在，電子郵件信箱很方便，想要有幾個帳號都行，就用電子郵件信箱充當你的議價經理人。

就A小姐的案例而言，除了不擅長議價交涉之外，還有另一個重要的訂價因素。她因為別人的介紹而工作量增加，因此總是用前一個工作的單價，當做新工作的報價基準。例如，處理X公司的案子得到很高評價，被X公司介紹給Y公司，這時候很難啟齒只單對Y公司漲價。

於是，產生「錨定效應」，也就是某個金額成為報價基準。

服務業者在訂價時，千萬要留心錨定效應。這個效應的含義是：「人們總是習慣以某個金額為基準，做為決定其他價格的參考。」

如果能事先理解錨定效應的特徵，在思考勞務內容或報價時，就能夠更加仔細衡量。後來，A小姐決定全面調整勞務內容，以及重新訂定每項工作的報酬（關於錨定效應，會於第七章詳細說明）。

另外，我還向A小姐提出幾個建議。本書後半段將介紹其詳細內容，請各位參考一下。總而言之，在敗犬環境裡，請牢記絕不能一味配合對方而降價。

3步驟脫離「低價敗犬」，朝向「高價勝貓」的世界前進

產業符合三條件，被劣質訂價吞噬

講師、設計師、會計師等行業，以及服務業，往往為了順應周遭環境而降價，這就是「劣質訂價」。

對於憑藉一身功夫打天下的服務業者來說，報價是決定自我身價的行為。在談論價碼時，謙遜的人總是無法太強勢，因為擔心若自己報價很高，對方會認為自己唯利是圖。

但是，已到了該下定決心的時候，再這樣下去，情況只會更糟。

現今，專業知識的優勢已經瓦解，所有的祕密都變成公開資訊，在複製模仿橫行的敗犬環境裡，零報酬是不可避免的結果。你繼續溫良恭儉，就會沒有收入，日子過不下去，要不然就是過勞，把身體搞壞。

在充滿降價壓力的環境裡，零變動成本的服務業首當其衝，因為同樣零變動成本的競爭對手，將紛紛用低價搶食大餅。

尤其，企業被一群「對數字不在行、只想廉價銷售」的競爭對手包圍時，更要提高警覺。

即使總體經濟擺脫不景氣，符合下列三個條件的產業，未來也是朝向零報酬之路邁進，報酬只會一路下滑。請務必提高警覺。

①零變動成本的結構
②與數位化過於契合的環境
③存在許多對數字不在行的競爭對手

大企業現在也從生產物品的工業型商務模式，轉變為販售數位資料的資訊型商務模式。在這樣的轉型期間，會出現過於草率的免費宣傳，或是近乎自暴自棄的低價促銷活動。

現今，從大企業、中小企業到個人服務業，都被劣質訂價所吞噬。所有與資訊業、服務業相關的人，必須找出避免與敗犬競爭的方法，不再朝向零報酬之路邁進。

如何避開與敗犬競爭互咬

若有企業選擇在數位、線上網路、全球化的敗犬環境裡奮戰，我不會去阻止。我衷心為這樣的企業加油，因為挺身與全世界敵手競爭的企業，例如：優衣庫、宜得利家居等，也是業界的驕傲。

但是，要在這種戰爭當中獲勝並不容易。想打贏戰爭，必須擁有雄厚的財力與眾多的優秀人才。並非所有的企業都應該走這條路，尤其是小型企業更應該選擇其他的路。

「其他的路」是指不與敗犬競爭。對於總是忙碌做零利潤工作的設計師A小姐、專業人士、講師、老師，以及所有的服務業者，我想為各位打氣，並且提供一些建議。

其實，只要遵循三個步驟，就不必與敗犬競爭。

①去除降價的心理障礙

想要揮別降價的惡夢，首先要捨棄「只能降價」的迷思。

長期的不景氣讓企業與商家誤以為只能降價，心理上也產生障礙。「不夠便宜就賣不出去」的想法，根本是自己在鑽牛角尖，進而造成心病。假如不能擺脫這種迷思，即使學會多麼出色的訂價技術，還是無法阻止降價的惡性循環發生。

我們總認為「商品要物美價廉」，這根本是個奇怪的觀念和錯誤的想法。「物美要賣貴一點」是理所當然的事。劣質商品便宜賣，優質商品高價格，才是正確的常識。

以前，「商品要物美價廉」確實是正確的想法，但現在時代已經不同了。現今，山田電機的營業利益轉為赤字，連永旺（AEON）集團的綜合零售事業的營業利益，也變成赤字。

「商品要物美價廉」的目標，就交給優衣庫和宜得利家居去實踐。我們要以「物美要賣貴一點」為努力的標竿，生產有價值的商品，然後以較高的價格出售，這才是經商之道。

設計師A小姐為了創作插畫，投入許多心力學習各種相關技巧，設計作品全部都是血汗結晶。一位老師在課堂上傳授的內容，是一生累積的知識與經驗，不應該廉價出售。

即使最後的成品是用數位科技呈現，其中也蘊藏無數的類比式努力。

我告訴A小姐一個有關畢卡索的故事。

某天，畢卡索坐在咖啡廳，一位貴婦看到他便詢問：「能不能為我畫張肖像畫？」畢卡索提起筆，兩三下就完成畫作。

貴婦問：「多少錢？」畢卡索回答：「五千法郎。」

貴婦驚訝地說：「什麼？才畫三分鐘就要五千法郎？」

畢卡索望著她說：「妳這麼說是不對的。我可是花了一生的時間，才有今天的成就。」我們都要學習畢卡索，更有自信地喊出自己的身價，因為你絕對值得這樣的報酬。

②為了掌握降價底限，要理解價格結構

在去除降價的心理障礙之後，接著得學習訂價的技巧。首先，學習看懂訂價的結構，工作所需的變動成本就是訂價的底限。

接下來，累積一個商品的獲利，創造出整體獲利，如果這個數字超過固定成本，就會有利潤。理解「訂價↓一個商品的獲利↓整體獲利」的流程，就能找出獲利的機制。學會這些技巧，等於成功了一半。你可以看出降價或漲價對一個商品的獲利有何影響，也能夠用數字解讀買賣情況。

③學習成功訂價的行銷學與心理學

最後的步驟，是訂價的行銷學與行為經濟學（商業心理學）。

前言中提過，在美國，訂價策略早已超越單純的「降價與漲價」思考模式，而誕生出許多嶄新的手法。我們一定要學習這些模式與手法。

為什麼美國的訂價策略會如此發達？回顧其歷史就能窺知一二。

如果要追根究柢，得回溯至日本製造業超越美國的時候。後來，美國持續促進產業轉型，並推出嶄新的訂價方法。

另一方面，日本迄今依然抱持「製造業＝工業時代物美價廉」的觀念，人們堅持追求規模效益的成本訂價。於是，兩個國家在訂價策略上的優劣差距也日益拉大。

在這個關鍵時刻，我們應該抱持謙虛的態度，趕快學會訂價策略的新手法。

魅力、共鳴、舒適才是目標

當職場引進電腦，效率化便成為工作上的關鍵字。大家都認為，職場不容許有灰色地帶或是無端浪費，而重視以數據來表現具體工作內容。

因此，上班族被要求學習可馬上派上用場的實用商業技巧，例如：電腦、英語、會計、邏輯思考、教練、簡報術等。在數位化的職場環境裡，我們被迫像是機器人一樣，孜孜不倦地工作。

結果，這樣重視效率的數位化職場方針，卻讓我們踏上與敗犬競爭之路。從現在開始，請以「不與敗犬競爭」為目標！

新的目標是：與敗犬正好形成對比的勝貓世界。

勝貓世界的特徵，與數位科技、線上網路、全球化完全相反。

①從數位轉型為「類比」的神奇魅力

目標是電腦無法創造出的類比神奇魅力。如果能創造出這樣的類比世界：成為總是令人開心的行業、具備神奇魅力的人，工作就不需要仰賴電腦。

②從線上網路轉型為產生共鳴的「接觸」

建造能讓買家產生共鳴的接觸交流管道。不只是賣商品、資訊、技術，還要傳達手作質感與製作心意，如果能有彼此接觸交流、產生共鳴的支持者，即使不降價也沒關係。

③全球化轉型為小而美的「舒適」

不要一味追求便宜，目標是創造小而舒適的環境。建構出祥和、充滿歡樂氣氛的高質感空間，如此一來，就能與全球化帶動的低價狂潮相抗衡。

將上述概念的關鍵字：舒適（Cozy）、類比（Analog）、接觸（Touch）的第一個字母組合起來，就是貓（CAT）。從狗轉型為貓，正是跳脫降價地獄的祕訣。遠離敗犬、朝向勝貓世界的旅程，是個正確的選擇，能讓我們重新找回因為數位化社會而失去的一切。

- 敗犬是相互比拚性能與功能等規格的男性化競爭世界
- 勝貓是相互分享歡樂與舒適的女性化共鳴世界

如果不想與敗犬競爭，想逃離廝殺的無間世界，就要培養女性的勝貓感性。一般而言，在男性經營者掌權的大企業，要如此轉念並不容易。

金偉燦（W.Chan Kim）與莫伯尼（Renee Mauborgne），在兩人合著的《藍海策略》（*Blue Ocean Strategy*）中，提倡能避開競爭激烈的紅海，在沒有競爭對手的藍海中奮鬥的策略。

男性與生俱來喜歡競爭，因此多半會投入「血流成河的削價競爭市場」（紅海）。像這種喜歡與敗犬競爭的人，被稱為「紅狗」（Red Dog）。

遠離競爭場合，在「湛藍遼闊的未開拓市場」（藍海）中，建造舒適且讓人產生共鳴的場所，本來正是女性的強項。像這樣彼此接觸交流的勝貓，被稱為「藍貓」（Blue Cat）。

請趕快離開「賣商品要物美價廉」的敗犬市場，朝向「以好心情和高價來販售好商品」的勝貓市場前進吧！

本章重點

▼即使是大企業，想在敗犬環境中打贏商戰也不容易。換句話說，現在是選擇「不與敗犬競爭」這條路的關鍵點。

▼訂價的基本法則：變動成本是決定價格的底線。

▼避開與敗犬競爭互咬，有三步驟：①去除降價的心理障礙；②為了掌握降價底限，要理解價格結構；③學習成功訂價的行銷學和心理學。

*編輯部整理

PRICING

第3章

如何把降價變成武器，而不是自殺利器？

敗犬展開了殘酷無比的削價競爭。如果你附和他們而決定降價，等於自己開啟永無止境的消耗戰。

我強調嚴禁隨波逐流的降價，但並非全面禁止降價。如果具備某些條件，調降價格還有可能讓利潤變多。

在本章中，我將解開「降價成功關鍵」之謎，一邊回顧麥當勞漢堡的價格變遷歷史，一邊說明降價策略的成功條件。

接下來將出現許多數字，也許您會覺得有些複雜，但請耐心閱讀。如果你了解本章內容，就能發現降價成功的關鍵。

案例

麥當勞漢堡長期打5折銷售，淨利竟然成長5倍

打對折，卻賺五倍獲利

從食材到作法，麥當勞都有一套標準作業程序，以確保世界各地的漢堡口味都一樣。麥當勞堪稱是數位時代中勝出的全球企業，憑藉世界級的規模，以低價買進原料和食材，再用統一規格製作漢堡。

在日本，麥當勞曾因為漢堡裡有異物而引起騷動。類似這樣的問題或傳聞會馬上流傳到眾人皆知，這正是網路社會的可怕之處。

二〇一四年，麥當勞發生食安事件，顧客不再上門，於是營業利益出現赤字。

不過，到目前為止，麥當勞的價格歷經多次調整。曾經嘗試賣得更便宜，也嘗試賣得貴一點，當然有成功也有失敗。

世界上恐怕沒有其他企業，會這樣變更相同產品的價格。本章將回顧麥當勞漢堡價格的變遷，以及其成功與失敗。

自從日本經濟陷入長期低迷，有一段時間，媒體都讚賞麥當勞的營運模式，稱該公司為「不景氣中的成功企業」。

值得一提的促銷事件，是在一九九四年推出的「百圓漢堡」。當時，漢堡的單價一直維持在二一〇日圓，麥當勞直接將價格降到五折以下。這個降價策略讓麥當勞的營業利益大幅成長，在促銷期間，經常利益竟然成長為五倍。

打對折降價，卻賺到五倍獲利，這是多麼成功的降價案例！

然而，其他企業很難複製這樣的策略。如果處理不當，原本希望獲利成長，可能會出現大幅赤字，甚至使公司倒閉。

圖表 3-1　210日圓漢堡的成本與獲利結構

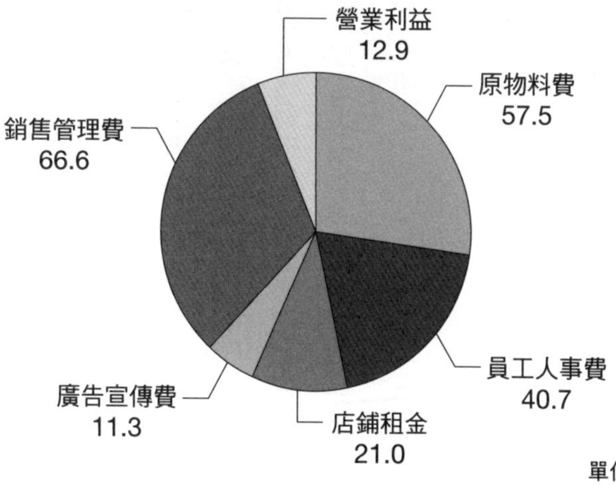

單位：日圓

但是，為什麼當時麥當勞可以達成「獲利增加」的目標？

接下來，解開百圓漢堡的成功之謎。

麥當勞獲利成長的關鍵，藏在細節裡

首先，介紹成為解謎關鍵的重要資料。請參考圖3-1，這是漢堡降價前的獲利圓餅圖，顯示售價、成本、利潤各自的比例。

一個二一〇日圓漢堡的成本，包含了原物料費、員工人事費、租賃費、廣告費等。

售價減去這些成本之後，一個漢堡的淨利是十二・九日圓。販售一個二一〇日圓的漢堡，淨利竟然只有十二・九日圓！

一般的經營者面對這樣的成本結構，絕對不會提出降價策略，但是麥當勞大膽降價，並且交出漂亮的獲利成績單。

麥當勞獲利成長的關鍵，就藏在變動成本與固定成本的細節裡。

其實，在漢堡的成本當中，變動成本只有「原物料費」這個項目，其他都屬於固定成本。因此，一個二一〇日圓漢堡的變動成本異常低廉，只有五七・五日圓。

第二章中提到，一個商品的變動成本就是訂價的底限，所有買賣的售價都不能低於變動成本。因此，變動成本比例越高，降價空間越小，而變動成本低、固定成本高的商品，才適合降價策略。

麥當勞就是因為變動成本低，才能夠大幅調降售價。

圖表 3-2　變動成本與一個商品的獲利

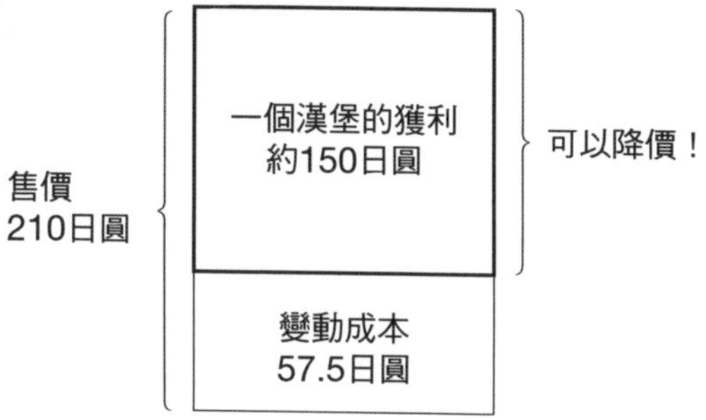

從降價二一〇圓的失敗中學到教訓

一個二一〇日圓漢堡的變動成本是五七・五日圓，因此五七・五日圓是訂價底限，也就是降價底限。有鑑於可降價的空間很大，麥當勞才決定採取降價策略。

在決定降價之後，麥當勞並不是一開始就突然從二一〇日圓降到一百日圓。在降到一百日圓之前，麥當勞曾經實施「期間限定」、「地區限定」等各種方法。例如：一九九一年，麥當勞在宮城縣，推出當地限定且期間限定的「一九〇日圓漢堡」。

這次的降價幅度約一〇%，一般來說，應該可以大幅提升銷售數量，但請各位先做個深呼吸，因為結果很可怕。

銷售數量沒有改變。

也就是說，降價二〇日圓無法提升銷售數量。可見得，即使賣方下定決心要降價，消費者願不願意買單，則是另一回事。這次不痛不癢降價二〇日圓，根本無法打動消費者的心。

前面曾提及，一個二一〇日圓的漢堡，扣掉變動成本與一個商品的固定成本之後，利潤是十二・九日圓。

雖然降價二〇日圓，但如果銷售數量一樣，獲利會變成多少？

變動成本與降價前相同，而且銷售數量沒有改變，每個商品的固定成本也與降價前一樣。因此，一個商品的成本幾乎與降價前相同。

一個獲利十二・九日圓的漢堡降價二〇日圓，因為成本沒有改變，結果等於每賣出一個漢堡，就損失七・一日圓。因此，一九〇日圓漢堡的降價策略以失敗告終。

我個人的想法是：麥當勞因為有降價一九〇日圓的失敗經驗，後來才下定決心推出「百圓漢堡」。

將二一〇日圓的漢堡降價至一百日圓，需要極大的勇氣，表示麥當勞抱著破釜沉舟的心情推出這個策略。成功並非如想像一般簡單。麥當勞因為降價一九〇日圓的失敗經驗，獲得「不痛不癢的降價根本行不通」的教訓。

訂價是商業活動中極為重大的決策，必須有周詳計畫配套。麥當勞必定會借鏡過去的失敗經驗，找出箇中原因，並思考該如何改善。

不論戀愛、人生或是做買賣，能從成功經驗中學習的東西很少，卻能從失敗經驗中學習到許多道理。麥當勞就是最佳案例。

我認為，麥當勞在訂價策略上犯下一次錯誤，而得到教訓，才會推出名留歷史的「百圓漢堡」。

降價策略要成功賺到錢，得遵守2個先決條件

百圓漢堡大熱銷，打破紀錄

漢堡原本就是「變動成本低＝一個獲利空間大」的商品，因此才能推出降價策略。麥當勞第一次嘗試將價格降為一九〇日圓，但是銷售數量沒有增加，等於失敗。從這次的經驗中，麥當勞學到教訓，決定再把價格降低，推出「百圓漢堡」。

一九九四年，促銷價一百日圓的「百圓漢堡」，創下破紀錄的營業額，同時也轟動整個社會。

回顧過往，推出「百圓漢堡」的一九九四年，是個關鍵的時間點。那時候，日本

圖表 3-3　漢堡的成本與獲利結構

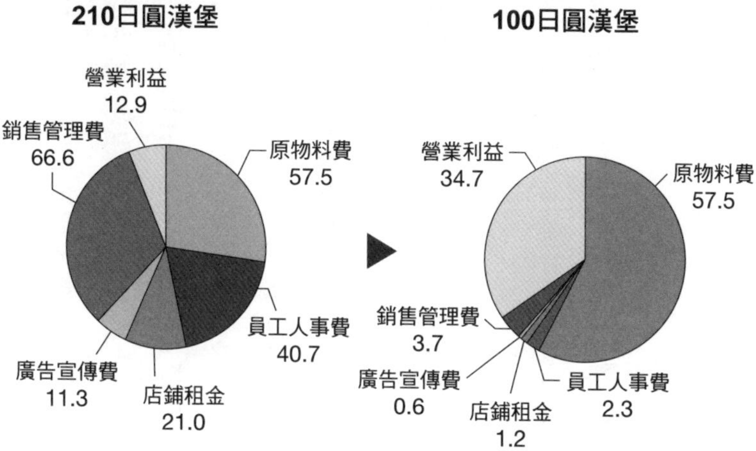

單位：日圓

適逢泡沫經濟崩潰，全國開始實際感受到不景氣的氛圍。每個人都將荷包綑得很緊，但漢堡的售價卻降到對折以下！

「百圓漢堡」深受年輕消費族群青睞，麥當勞每天大排長龍。銷售成績好到超過麥當勞當初的預測。從當時的財務報表來推測，即便有促銷期間的限制，「百圓漢堡」還是讓數量暴增十八倍。

打破紀錄大熱銷的「百圓漢堡」寫下成功經驗，而其成本與獲利產生什麼樣的變化？請參考圖表3-3。

不論售價是二一〇日圓或一百日圓，一個漢堡的變動成本（原物料費）都是五七・五日圓，但是銷售數量大幅增加，「一個漢堡的固定成本」（固定成本÷銷售數量）便大幅壓縮降低。

本來固定成本是與銷售數量無關的費用，即使銷售數量增加，固定成本的總額也不會增加。因此，賣出的漢堡越多，一個漢堡的固定成本就會越少。

從圖表3-3可以看出，一個百圓漢堡的獲利大幅增加為三四・七日圓。正因為銷售數量大增，經常利益暴增為五倍。

降價策略使獲利增加的真正關鍵

現在，我歸納前面介紹的案例，整理出降價策略成功的要素。為了讓降價策略成功、獲利增加，必須具備兩個條件：

①變動成本比例低（固定成本比例高）。

②降價後，銷售數量大幅增加。

麥當勞就是具備這兩個條件，降價策略才能夠發揮效果，並達成大幅提升獲利的目標。

首先是變動成本比例低。一個二一〇日圓的漢堡，變動成本只有五七・五日圓，也就是說，一個漢堡的獲利空間大，可以降價的範圍也變大。

其次是降價後，銷售數量大幅增加，「百圓漢堡」創下十八倍的驚人數量成長。

在日本泡沫經濟崩潰，整個社會開始感覺到景氣不佳的時候，麥當勞大膽將漢堡售價調降至一百日圓，確實創造出高獲利。

首先受到波及的是外食產業，因為麥當勞帶來的刺激，宛若雪崩一樣開始推出降價活動。

以牛丼（牛肉蓋飯）為首，各地的外食產業紛紛爆發價格大戰。連一向走高價位的雲雀集團（Skylark Group），也加速推動低價位家庭餐廳「Gusto」的展店。

此外，在這個時期，日本國內的「百圓商店」有如雨後春筍般快速增加。換句話說，在一九九〇年代，外食產業帶動的降價風潮擴及到各行各業。

在日本，已經開始出現通貨緊縮的現象。現在回想起來，麥當勞在日本颳起降價狂潮，其實是讓經濟進入通貨緊縮時期的火苗。

不管是哪一種行業，降價本身並非難事。一旦降價，受到便宜吸引而光顧的顧客，可能會立即帶動營業額提升。

可是，我一再提醒大家，營業額增加，不等於獲利也會增加。如果沒有達成降價策略成功的第二個條件：「降價後，銷售數量大幅增加」，根本不可能增加獲利。

要達到第二個條件很難。事實上，許多一窩蜂追趕降價風潮的促銷活動，都無法滿足這個條件的要求，最後通常只能增加些微的營業額，導致「增收減益」的結果。

降價後，要注意是否創造出「整體獲利大於固定成本」

從「一個商品的獲利」解析降價的成敗

大膽降價的「百圓漢堡」創造出驚人的獲利佳績，因此麥當勞被媒體稱為「不景氣中的成功企業」。憑著這股氣勢，二〇〇一年麥當勞在日本那斯達克（JASDAQ）上櫃。

麥當勞在上櫃之後，再次調降漢堡價格。從一百日圓降為八〇日圓、六十五日圓，甚至五十九日圓。這些降價策略是否成功呢？

我們從「一個漢堡的獲利」，來看漢堡的降價策略。原本售價二一〇日圓的漢堡，先降價為一百日圓，之後再降價為六十五日圓。這時候，一個漢堡的獲利變成多少？

關於「一個漢堡的獲利」改變，如同圖表3-4所顯示。

由於調降價格，一個漢堡的獲利先從一五〇日圓減少為四〇日圓，再減為十五日圓。也就是說，一個漢堡的獲利因為兩次降價而逐漸變薄。

將一個漢堡的獲利乘以銷售數量，就是整體獲利。也就是說，在確定一個漢堡的獲利數字之後，每賣出一個漢堡，將一個漢堡的獲利累加起來，就是整體獲利。在管理會計學中，一個商品的獲利被稱為「邊際利益」（Marginal Profit）。

降價當然會讓一個漢堡的獲利減少，而為了提升整體獲利，必須增加銷售量。

原本一個二一〇日圓的漢堡，獲利是一五〇日圓，而一個售價一百日圓的漢堡，獲利只有四〇日圓。也就是說，一個漢堡的獲利縮水大約二五%。

以單純的算式來看，如果一個漢堡的獲利縮水為二五%，銷售數量沒有增加四倍，那麼整體獲利就無法跟以前一樣。

實際上，「百圓漢堡」的銷售數量暴增為十八倍，讓「一個獲利四〇日圓」的漢

圖表 3-4　累計「一個漢堡的獲利」

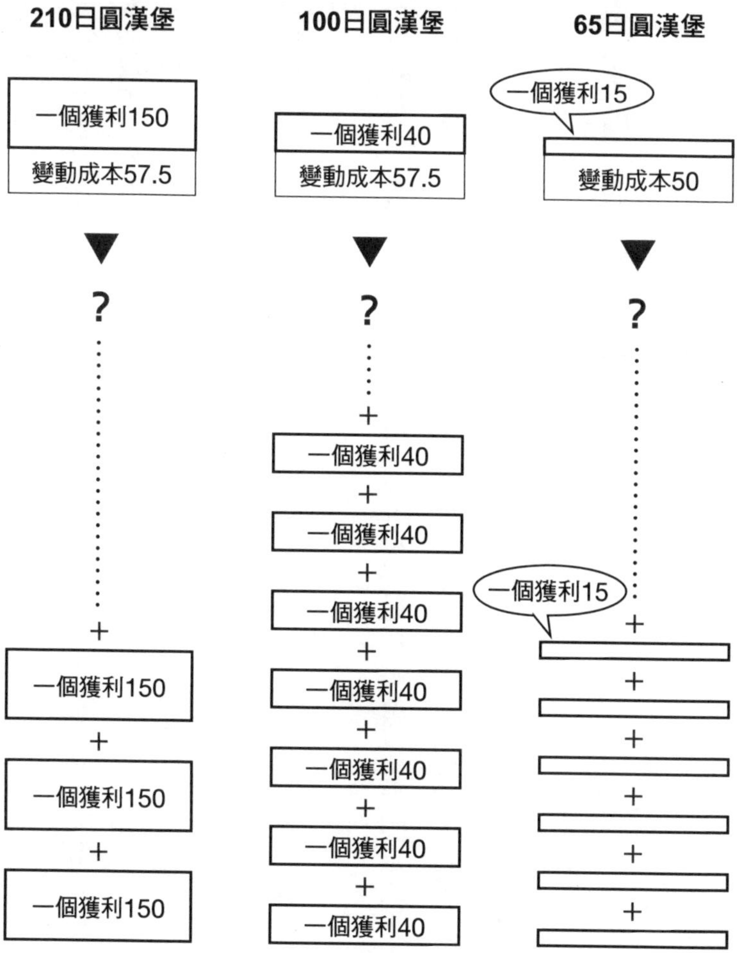

注：210日圓和100日圓漢堡的變動成本（原物料費），是以57.5日圓來計算。65日圓漢堡的變動成本，是以50日圓來計算。

堡個數，堆積得像山一樣高，因此整體獲利增加。

但是，當一個漢堡從一百日圓再降為六十五日圓時，一個漢堡的獲利變成十五日圓，而累加數字並未增多，因此整體獲利減少。

圖表3-5顯示上述情況。**將「一個漢堡的獲利」累積計算之後，得到整體獲利**。如果整體獲利超越固定成本，多出來的部分便是會計帳目上的「利益」（也就是「利潤」）。

就「百圓漢堡」案例而言，大量累積一個漢堡的獲利，遠遠超過固定成本，因此產生巨額利潤。但是，推出六十五日圓漢堡，再怎麼累積一個漢堡的獲利，也無法超過固定成本。因此，推出六十五日圓漢堡的期間，麥當勞的營業利益出現赤字。

降價策略失敗，原因多半出在這裡

這裡再次回顧降價策略的兩個成功條件：

圖表 3-5 降價成功與失敗的示意圖

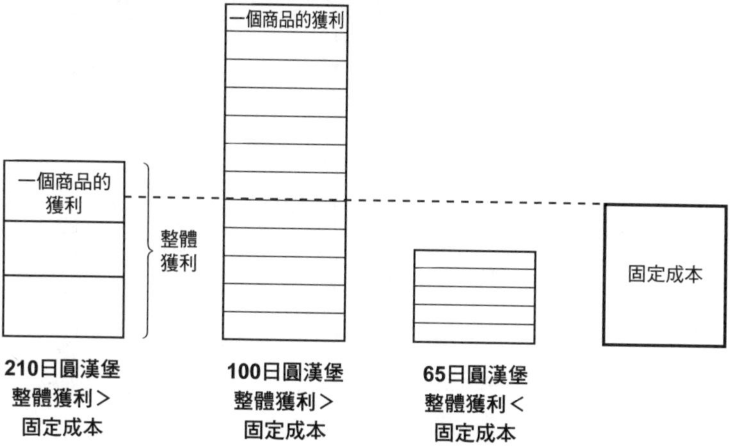

①變動成本比例低（固定成本比例高）。

②降價後，銷售數量大幅增加。

第一個條件「變動成本比例低」，與降價空間有關。當變動成本相對於現在售價的比例越低，降價空間越大。相反地，當變動成本越高，降價空間越小。例如：就一瓶售價二一〇日圓的果汁而言，如果進貨成本是一八〇日圓，降價空間只有三〇日圓。也就是說，「變動成本比例低」是能夠降價多少的標竿。

相對於此，第二個條件**「降價後，銷售數量大幅增加」，是成功的門檻**。降價後，被稀釋的「一個商品的獲利」到底能累積多少數量？將降價後的「一個商品的獲利」累積加總之後，如果整體獲利沒有超過固定成本，就沒有利潤。

因此，「降價後，銷售數量大幅增加」，正是決定降價策略能否成功的關鍵。

本章出現許多數字，閱讀時可能會覺得有點辛苦。但是，理解相關內容，就會知道「降價成功」的定義，進而明白許多降價促銷失敗的原因。

假如產業本身的固定成本比率偏高，自然能夠達成「變動成本比例低」的條件。像是航空公司、飯店等行業，所需成本幾乎就是固定成本。還有，服務業、專業人士、講師等行業，成本幾乎都花在人事和場地，也是固定成本比率偏高。因此基本上，「變動成本低、固定成本高」的行業或買賣，才有降價的可能。

不過，只是「可能」，不代表降價能夠成功。想要在降價後還能夠獲利，必須具備「降價後，銷售數量大幅增加」的條件，也就是說，在「一個商品的獲利」因為降價而變薄之後，銷售數量必須累積到非常高。

要達到這個目標極為困難，尤其在敗犬充斥的環境裡，全世界「盜用點子與廉價銷售」的競爭對手，已經展開駭人的削價競爭。在這樣的情勢下，要大量累積「一個商品的獲利」並不容易。

因此，幾乎每個降價策略最後都以失敗收場。

一個商品的固定成本是訂價的障礙

在本章中透過案例學習降價成功的祕訣時，希望大家確認一件事：在圖表3-1的獲利圓餅圖中，一個漢堡的獲利是十二・九日圓，這個數字就是「訂價障礙」。

十二・九日圓是將售價減去變動成本，再減去一個漢堡的固定成本所得到的數字。屬於固定成本的員工人事費、店鋪租金、廣告宣傳費、銷售管理費，不會隨著漢堡銷售數量的變化而變動。

在獲利圓餅圖中，「一個漢堡的固定成本」是以當時的固定成本除以銷售量，而得到的數字。其實，這是一種結果論。

當銷售數量改變時，一個漢堡的固定成本就會變動。變動成本加上一個漢堡的固定成本之後的數字，當然也會隨著銷售數量而變動。因此，變動成本加上一個漢堡的固定成本所得到的結果，就是不利於訂價的數字。

在訂價的最初階段，請只看「變動成本＝材料費」，要無視於固定成本的存在。

首先要確認的是，相對於售價，變動成本是多少。售價減去變動成本，就是一個商品的獲利。

就一個二一〇日圓的漢堡而言，二一〇日圓減去五七．五日圓之後，一個漢堡的獲利約為一五〇日圓。將一個漢堡的獲利累加起來，得出整體獲利，然後減去固定成本，計算出最終的利潤。

將上述過程整理之後，得到以下結論：

①透過訂價，決定一個商品的獲利。
②將一個商品的獲利累加，得出整體獲利。

圖表 3-6　整體獲利＞固定成本，營業利益變成黑字

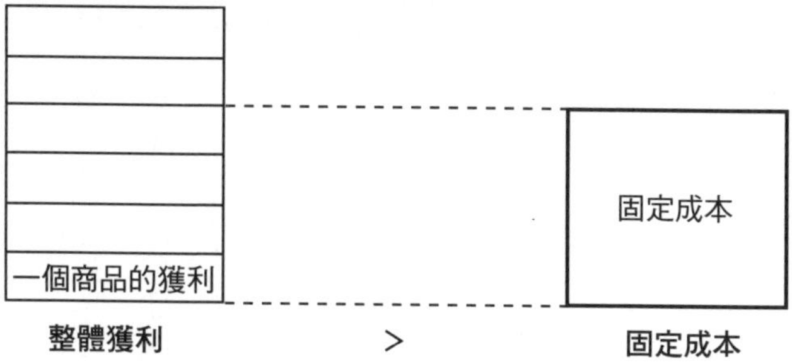

整體獲利＞固定成本 ……………… 黑字
整體獲利＝固定成本 ……………… 平衡
整體獲利＜固定成本 ……………… 赤字

③整體獲利超出固定成本的部分，就是利潤。

歷經這三個步驟之後，假如出現「整體獲利大於固定成本」的結果，多出的部分就是利潤。如果整體獲利沒有超出固定成本，營業利益就變成赤字。如果整體獲利等於固定成本，就是不賺不賠的收支平衡，利潤等於零。

做生意的目的，並非提升營業額，而是要創造出「整體獲利大於固定成本」的結果。

因此，經營者的任務是累積「一個商品的獲利」，讓整體獲利增加。

在以前景氣好、各種商品都暢銷的年代，即使「一個商品的獲利」少，也能累積很高的銷售數量。即使擴張設備投資、增加人力，造成固定成本變多，都能夠賺到超出固定成本的整體獲利。

但是，在規模效益的饗宴結束之後，敗犬啟動瘋狂的削價競爭。現在，我們一定要想出讓整體獲利增加的其他方法。

本章重點

▼麥當勞獲利成長的關鍵，就藏在變動成本與固定成本的細節裡。

▼降價策略能成功提升獲利，必須具備兩個先決條件：①變動成本比例低（固定成本比例高）；②降價後，銷售數量大幅增加。

▼做生意的目的，並非提升營業額，而是要創造「整體獲利大於固定成本」的結果。因此，一定要累積「一個商品的獲利」，讓整體獲利增加。

＊編輯部整理

PRICING

第4章

這年頭，搞懂訂價科學，就能讓你的商品標高價

東京的日本橋地區是全日本房租最高的區域，前幾天我在那裡看到一家「收費二，九八〇日圓」的按摩店。

在郊區隨處可見、收費低廉的按摩店，竟然出現在店租高昂的日本橋地區，這家店二，九八〇日圓的按摩收費讓我擔心，它到底能否賺錢？

這個世界上，存在著可降價銷售的生意，以及不可降價銷售的生意。不過，人們不太了解這兩者的差異。

不良份子「敗犬」出現在各種產業中，掀起一場可怕的低價競爭。本章將告訴各位，如何分辨適合降價與不適合降價的生意。尤其是正在受苦受難的資訊業與服務業者，更不能錯過這些內容。

接下來，我將解開「絕不能降價」之謎。

首先，以人力為主的產業不能訂低價，為什麼？

銷售量要到多少，才能填補降價缺口？

當我們說要結婚時，很少人會問：「為什麼結婚？」但離婚時，總會有人問：「為什麼離婚？」

同樣地，商品降價時，很少人會問：「為什麼降價？」然而，漲價時就會有人問：「為什麼要漲價？」

我們總覺得，談戀愛或降價不需要理由，而離婚或漲價則需要理由。但事實上，離婚或漲價也不需要任何理由。

日本的公司行號與商務人士總是喜歡降價。現在，請各位回想一下，前文中說明的降價策略成功的條件。

①變動成本比例低。

②降價後，銷售數量大幅增加。

在這兩個條件當中，第二個條件「降價後，銷售數量大幅增加」最難達成。我想更深入討論。到底「銷售數量大幅增加」當中的「大幅」，是指什麼樣的程度？

降價之後，若要增加收益，確實需要大幅增加銷售數量。如果能事先知道這個門檻，就能避免無謂的降價。

現在做個模擬演練。降價之後，銷售數量需要增加至何種程度，才能讓獲利和以前一樣。這就是所謂的「降價臨界點分析」。

假設你是披薩店店長，現在店裡一片披薩的售價是一千日圓。由於四周強敵環

圖表 4-1　降價模擬案例

單位：萬日圓

降價前			降價後	
營業額	20	▶	營業額	28
（P1000日圓 × Q200片）			（P 700日圓 × Q400片）	
變動成本	8		變動成本	16
（P400日圓 × Q200片）			（P400日圓 × Q400片）	
獲利	12		獲利	12

伺，競爭激烈，你考慮要將一片披薩的售價降為七百日圓。那麼，如果要降價，銷售數量得增加至何種程度，才能賺到和以前一樣的獲利呢？

現在，披薩的銷售量是兩百片，變動成本（原物料費）是一片四百日圓。

當一千日圓的披薩降價三〇％，變成七百日圓時，為了賺到與降價前一樣的十二萬日圓獲利，必須賣出四百片披薩。

將原本兩百片披薩的銷售數量提升兩倍，賣出四百片披薩，才能擁有與以前一樣的獲利。可見得，「降價後，銷售數量大幅增加」的門檻非常高。

將這個模擬演練的內容，以一般圖示表示，就是圖表4-2。

以披薩為例，降價前的變動成本比例是四〇％（400÷1000），請看四〇％的那一行。由於將一千日圓的售價調降三〇％，變成七百日圓，請看與三〇％那一列交叉的那個點。交叉的那個點出現「一〇〇％」這個數字。

由此可知，當變動成本比例四〇％的商品降價三〇％時，如果銷售數量沒有增加一〇〇％，就無法創造與以前相同的獲利。也就是說，銷售數量要增加為兩倍，才能夠有同樣的獲利。當銷售數量超越兩倍時，才能夠增加收益。

請再次確認這個圖表，其中的數字都相當大。

可見得，**填補降價缺口的銷售數量增加（＝降價臨界點）的達成門檻非常高**。

在第一章，我說明「良性營業額提升」與「惡性營業額提升＝降價臨界點」。以這個披薩店的例子來看，降價前的營業額是二十萬日圓，降價後必須將營業額提升至二十八萬日圓，獲利才能夠收支平衡。

降價後，即使營業額增加，若金額還是低於二十八萬日圓，就是惡性營業額提

圖表 4-2 降價臨界點表

相對於營業額的變動成本比例（降價前）

降價率	10%	20%	30%	40%	50%	60%	70%	80%	90%
10%	12.50	14.29	16.67	20.00	25.00	33.33	50.00	100.00	
20%	28.57	33.33	40.00	50.00	66.67	100.00	200.00		
30%	50.00	60.00	75.00	**100.00**	150.00	300.00			
40%	80.00	100.00	133.33	200.00	400.00				
50%	125.00	166.67	250.00	500.00					
60%	200.00	300.00	600.00						
70%	350.00	700.00							
80%	800.00								
90%									

升，唯有營業額超過二十八萬日圓，才能算是良性營業額提升。

降價後三個障礙阻撓銷售量增加

一千日圓披薩降價三〇%，變成七百日圓之後，「一片披薩的獲利」會從六百日圓（一千日圓減去四百日圓），減少為三百日圓（七百日圓減去四百日圓）。

從六百日圓減為三百日圓，等於「一個商品的獲利」減少一半。如果銷售數量沒有增加為兩倍，整體獲利無法跟以前一樣。如果沒有達到銷售數量的目標，整體獲利反而會減少。

也就是說，比薩打七折時，銷售數量必須增加為兩倍以上。

實際上能否賣出銷售數量兩倍以上的披薩呢？要達到目標並不容易，因為不論哪種買賣，一旦降價就會出現阻止銷售數量增加的障礙，包括：

①自我能力的極限

②競爭對手也跟著降價

③顧客的消費情感

接下來，依序說明這三個障礙。首先是自我能力的極限。這裡所說的能力，是指物理上的處理能力。以披薩店為例，就是能否烘烤出數量兩倍以上的披薩。

如果烤爐早就塞滿披薩，或是烤披薩的師傅太忙、沒有多餘時間，就無法增加銷售數量。即使顧客訂單變多，若是無法消化訂單，等於欺騙顧客，這就是所謂「能力的極限」。

其次是競爭對手也跟著降價。如果附近有性質相似的披薩店，對方可能也會跟著降價，而且不會只有一家披薩店降價。當競爭對手搶著降價，你的低價優勢會在瞬間消失。

最後是顧客的消費情感。降價後，會出現兩種反應狀況，一種是可以打動顧客的心，另一種則是顧客無動於衷。披薩降價後，真的能讓顧客產生「真的好便宜，一定要光顧」的念頭嗎？可以像「百圓漢堡」一樣，一位顧客吃好幾個漢堡嗎？

這三道障礙分別與自己、競爭對手及顧客有關，也就是自我能力、競爭對手的複製、顧客的心理及行為。如果沒有妥善處理這些障礙，就無法賣出兩倍以上。而且，即使能促使銷售數量倍增，也不曉得這番榮景能維持多久。

就算是麥當勞的漢堡，雖然「百圓漢堡」大獲成功，但是後來的降價促銷全都失敗。可見得，消費者對於價格的變化只是瞬間反應，等到習慣了之後，對於低價的感覺將逐漸麻痺。因此，**降價促銷或特價活動，只能偶爾為之**。

不論何種買賣，想要降價，都必須克服這三道阻礙，否則無法讓「一個商品的獲利」累積到龐大數字。可見得，降價還要達到「獲利增加」的目標，實在非常困難。

思考「無形商品」的訂價方法

商場上，沒有比訂價更惱人的問題。顧客想要買得便宜，賣家希望賣出高價，因此「訂價」本來就充滿矛盾。而且，服務業的場合更是如此。

如果銷售的是實體商品，只要決定生產價格或進貨價格，就能訂出售價。可是，服務業的情形略有不同。

服務業不像是賣漢堡，不是販售看得見或碰觸得到的實體商品。服務業銷售的是無形的服務或時間，例如：按摩業販售自己提供的技術，講師販售自己講授的課程，設計師販售自己製作的作品，瑜珈指導教練販售自己提供的場地和技術。

服務業者的訂價，等於是訂定自己的身價。因此，服務業一般很難採取強勢的態度，到頭來容易變成弱勢的一方。如果受制於自己謙虛的心態，加上沒有自信，在面臨必須決定價格的時刻，往往會屈服於低廉的價格。

可見得，為無形的資訊或服務訂價是很困難的事，以發送資訊為主的報社與出版社等媒體產業，也面臨相同的困境。在免費資訊充斥的網路時代，實在很難對自己提供的資訊訂定高價。

情勢演變至此，這個世界漸漸地從製造業轉向資訊業、服務業。

近幾年，以家電業為首，所有製造業都明顯處於景氣不佳的狀態。現在，大多數企業普遍希望員工能夠自願退休，這已不是新聞了。被裁員或是被迫離職的人，在面臨新的人生抉擇時，最常挑選的行業不外乎是專業諮詢、資訊業、服務業。但是，這些工作的報酬都是直直落，沒有止跌回升的跡象。

獨立經營的小型自營商，為了建構出能讓自己抬頭挺胸生存下去的環境，必須知道什麼樣的訂價思考模式與方法，適合嶄新的資訊業、服務業。

即使是傳統的製造業廠商，事業重點不再只是生產商品，「如何賦予商品高附加價值」才是主要課題。

不論小公司或是大企業，大家都必須對無形商品的訂價，思考出最佳方法。如果像以前那樣，以成本為依據來思考訂價策略，真的非常危險。

「以人為本」的行業絕不能降價，為什麼？

現在，物資過剩，不僅人口減少、消費減縮，而且世界各地的敗犬掀起削價競爭。我們必須調整思維，現在不論從事哪一行，只是單純降價，無法在商場上打勝仗。然而，大家還是一直在降價。

為什麼會變成這樣？

接下來會再降價的產業，是固定成本高的行業。

請環顧身邊，試著找出激烈降價的行業，例如：飯店業、航空運輸業、高速巴士、高爾夫球場、按摩中心、講師補習業、通訊服務業、設計師等，這些全部屬於固定成本比例偏高的行業。

變動成本低、固定成本高的行業，降價空間較大，而且業者總是認為，若有空房、空位、空閒時間，還是降價求售比較好。於是，固定成本高的行業會不停地降價。

如果從數字面來觀察，會發現容易降價的行業有個共通點，就是全部屬於固定成

本高的行業。

從這一刻開始，試著改變傳統的觀點。請再次回想，剛剛提到的固定成本比率偏高的行業：飯店業、航空運輸業、高速巴士、高爾夫球場、按摩中心、講師補習業、通訊服務業、設計師等。

仔細觀察，會發現固定成本比率偏高的行業有兩大類型：以「設備與設施」為主的行業，以及以「人」為主的行業。

從飯店業至航空運輸業，屬於設備投資資本高的「設備型」行業；從講師補習業至設計師，則是「以人為本」的行業。兩者之間的差異其實很大。

就設備型行業而言，當設備閒置時，就算降價求售，也不會傷害到任何人。如果有空房或空位，便宜賣比較好。這樣處理是正確作法。

但是，以人為本的行業，是透過人來生產作品或提供服務，如果便宜販賣作品或服務，等於被剝奪時間。

每個人一天都只有二十四小時。以人為本的資訊業、服務業相關創作者，若是報酬低廉，就是將時間切割賤賣，於是失去了吸收知識或是累積經驗的時間。

創作者如果失去放空、休息的時間，就無法創作出優秀的作品。沒有吃喝玩樂，就無法培養感性。

以人為本的資訊業、服務業，本來就有「自我能力極限」的障礙，採取降價策略並不會成功。因此，絕對不能降價。

希望每位創作者都能明白這個道理。我們通常會把飯店業降價與服務業降價混為一談，其實兩者是截然不同的行為。

其次，訂價是決定自我身價的行為，務必深思！

「商品要物美價廉」很矛盾！

接下來，我將解釋優質訂價與劣質訂價的定義，並且闡述相關的觀點。簡單地說：

優質訂價，是抱持「訂價哲學」心理來制訂價格。

劣質訂價，是忽略「訂價哲學」心理來制訂價格。

對於資訊業者、服務業者而言，訂價是決定自我身價的行為。對於所有的經營者與決定訂價的人而言，訂價是評價自家商品或服務，訂得高或低都可以。

要如何選擇，端看自己決定。不過，在訂價時，一定要堅持信念與訂價哲學。

如果選擇與敗犬進行削價競爭，必須有心理準備，要以低價打贏全世界的對手。如果選擇不參與這樣的競爭，必須堅持信念，下定決心以高價銷售。

如果被周遭的人牽著鼻子走，一味降價，還感嘆地說：「這是沒辦法的事」，就太糟糕了。請建立屬於自己的訂價哲學，現在到了該下定決心的時刻。

現在，傳統訂價法則的氛圍依然很濃厚，可是這是以製造業為主，透過規模效益、追求低價的作法。

在過去經濟高度成長的時代，「商品要物美價廉」的想法充斥市場。然而，現今的先端產業已經轉型為資訊業、服務業，我們一定要建立新型態的訂價法則。

在無法實現規模效益、消費緊縮的經營環境裡，必須將訂價觀念轉變為「優質商品高價賣」。「商品要物美價廉」是矛盾的想法。

劣質商品便宜賣，優質商品高價賣，才是正確的從商之道。「商品要物美價廉」的時代已經過去，現在已經行不通了。

商品便宜銷售，消費者當然開心，但是賣方自己一面倒便宜賣，根本就是本末倒置。應該讓自己的想法回歸正道：優質商品高價賣。

當我們還抱持「商品要物美價廉」的信念，從事商務活動時，美國早已經成功交易許多筆優質商品高價賣的生意。

日本與美國正走向不同的價格之路，你應該能夠發現新的訂價訣竅。

製造業的黃金時代，採用成本訂價法則

為了建立訂價哲學，必須清楚知道自己的立場。

日本歷經各種時代變遷，你知道現在正迎接什麼樣的時代？圖表4-3顯示出，第二次世界大戰之後，日本經濟成長率的演變歷程。

從圖表4-3可知，日本以每二十年為單位，歷經了這三個時期：高度成長九％、安

定成長四%、低成長一%。

- 第一時期（九%）：戰後至一九七〇年代前期（高度成長期）
- 第二時期（四%）：一九七〇年代前期至一九九〇年代前期（安定成長期）
- 第三時期（一%）：一九九〇年代前期至現在（低成長期）

這個「九%、四%、一%」三個時期的轉換點（即出現分歧之處），正好是石油危機與泡沫經濟崩潰的時候。日本在歷經「石油危機」、「泡沫經濟崩潰」這兩個轉換點之後，經濟成長率呈現長期低迷的趨勢。

首先說明九%經濟高度成長的時期，這時期的象徵是一九六四年的東京奧運。為了因應奧運，東海道新幹線開通啟用，首都高速公路也整備齊全。在這個時期，人口增加，住家公寓與辦公大樓如雨後春筍般紛紛動工落成。

一般民眾的家裡出現所謂「三大神器」的家電用品，包括黑白電視機、洗衣機電

圖表 4-3　經濟成長率的變遷

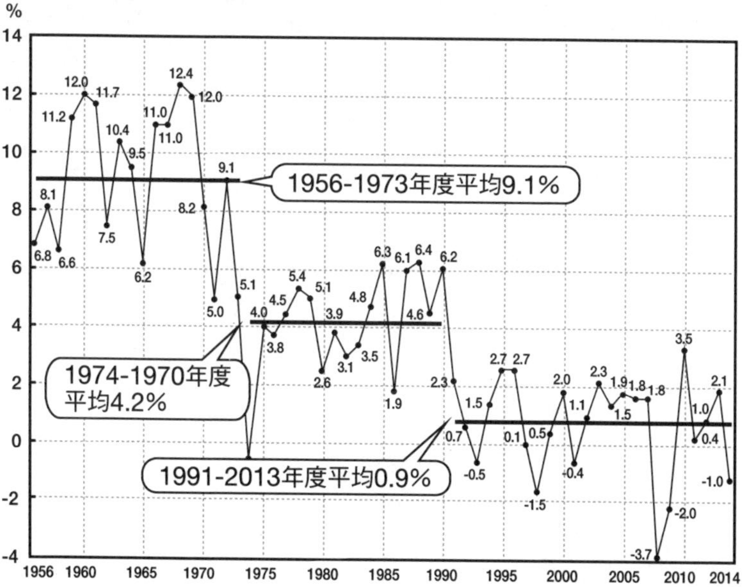

注：年度基準。以93SNA（系統網路體系結構）連鎖方式推估。
平均值是指各年度數值的單純平均值。1980年度以前，是以「2000年版國民經濟計算年報」（63SNA基準）為依據。1981-94年度是以年報（2009年）為依據。此後是以2015年1-3月期的一次速報值（2015年5月20日公布）為依據。

資料：日本內閣府SNA網站

冰箱。走入客廳的電視機製造歡樂，洗衣機解放辛苦勞動的主婦，電冰箱讓家裡的餐桌更加豐盛。在經濟成長率九%的時代，家電產品豐富人們的生活，讓大家品嘗到幸福的滋味。

後來，在一九七〇年代初期，發生石油危機。中東問題使得原油價格高漲，原物料成本飆高。於是，所有資源都仰賴進口的日本，經濟發展遇到瓶頸。

但是，當時政府與民間用盡全力，克服這個難關。更棒的是把危機變為轉機，製造出高性能的小型家電產品，以及省油的汽車。於是，日本經濟進入黃金時代，也就是四%經濟安定成長的時期。

這段期間的明星產業，就是家電業與汽車業。兩個產業的產品不僅在日本國內銷售，還出口至美國與歐洲，甚至給予美國一向自豪的汽車產業致命的打擊。日本製造的產品贏得全世界的讚賞，日本經濟迎向最美好的榮景。家電、汽車產業相關廠商紛紛擴張事業規模，增加員工人數，成為產業中人力資源最為豐沛的行業。

從一九八〇年代開始，出現房市和股市飆高的泡沫現象，在一九九〇年代前半期，這個泡沫終於破裂，就是所謂「泡沫經濟崩潰」。泡沫經濟崩潰讓經濟局勢跌入谷底，進入低成長一％的時期。長期處於成長階段的日本經濟，可說是步履蹣跚。

長期的低迷使得電視變成一個房間一台的日用品，「便宜」成為消費者選購商品的依據。加上以三星為首的國外品牌投入削價競爭，讓電視機業者的營業利益面臨巨額赤字。以前電視機為家庭帶來歡樂，現在即使薄型電視的厚度只有一公分，也無法取悅消費者。

曾與薄型電視並列為「數位三神器」，而風光一時的DVD錄放影機與數位相機，同樣也是價格大幅滑落。如同前述，已毫無利潤可言。

以二十年為一個單位，日本的經濟成長率一路下滑，從九％到四％，再到一％，已經呈現鈍化。現在，人們處於長期不景氣的一％時代。

人口減少與需求減少，導致經濟成長低迷，而且不可收拾、難以逆轉。今後，日本國內市場的需求不容易大幅反彈。

有些大企業在經濟成長九％、四％的時期，成功擴張事業版圖，但是現在煩惱著擁有過多的設備與員工。供給過剩導致所有產品的價格下跌，進而產生通貨緊縮的現象。

導致價格下跌的雙D因素

其實，以製造業為主的大企業出現商品供給過剩，並非導致一%低成長時期發生通貨緊縮的唯一理由。

另一個原因是時代面臨重大變革，也就是網際網路的興起，這時候日本剛好經歷泡沫經濟崩潰。

從這個時間點開始，網路迅速普及，透過電腦就能與網路串連。這個現象造就數位科技、線上網路、全球化的敗犬環境。

在每個人都能隨時隨地與網路連結的數位環境裡，新的資訊業、服務業取代傳統工業乘勢崛起。

從生產實體商品的公司，轉向不生產實體商品的公司。在產業轉型的狀態之下，訂價法則也要跟著轉型才行。但很遺憾地，沿用舊有法則的企業依然不勝枚舉。

舊有法則是商品要物美價廉。在日本高唱處處有春燕、經濟成長率四％的黃金時代，不論是製造業或物流業，「商品要物美價廉」成為企業的成功之道。

迄今「大量生產、大量進貨就能變便宜」的氛圍，依舊彌漫整個產業。不只是大企業如此認為，連中小企業和自營業者都深信不疑。在這種氛圍的影響之下，沒有人敢滿懷自信為自家產品訂定高價。

事實上，在「商品要物美價廉」的前提下，有個成本訂價法（Cost Pricing）。成本訂價法是以自己的成本為基礎，加上利潤來決定價格的方法。簡單地說，是依據以下的公式來訂價。

成本＋利潤＝售價

企業基於成本訂價法，原本打算訂出高於成本的售價，結果卻事與願違，價格一直滑落，於是只好趕緊削減成本。

各家企業為了降低成本，想盡各種辦法，例如：削減調度成本、降低包商利潤、將正職員工換成派遣或兼職員工等。不過，有些公司察覺到不能再削減成本，開始把創新掛在嘴邊，像是開拓新事業、革新商業模式等，但是想要真正辦到並不容易。

對於捨棄睡眠時間去工作的人而言，要求他們提出革新想法是非常殘酷的事。於是，最近市面上，充斥著具有奇特功能的家電產品、增加一堆按鍵的廉價遙控器，還有一些新產品附加了被認為「根本不需要」的多餘功能。

不願意重新檢討至關重要的訂價哲學，導致「商品要物美價廉」的法則，變質為便宜賣些不需要的東西。

於是，現在日本為了「通貨緊縮」（Deflation）與「數位」（Digital）的雙D問題，而苦不堪言。

案例

為何蘋果手機可以訂高價？祕密是價值訂價法

從傳統製造業轉型，改用價值訂價法

另一方面，我們看一看被日本打敗的美國。

從日本製造業全盛期的一九八〇年代開始，或許美國認為「製造業先不跟日本硬拚」，開始積極從製造業轉型為新興產業。

於是，在美國政府的支持與協助下，成功建立了許多新興產業。其中，最具代表性的是IT產業。在矽谷，像微軟這樣朝氣蓬勃的小型IT相關企業紛紛成立。

在金融業方面，廢除銀行、保險、證券等限制藩籬的寬鬆政策持續進行，美林證

券（Merrill Lynch）、摩根史坦利（Morgan Stanley）、雷曼兄弟控股集團（Lehman Brothers Holding Inc.）、美國國際集團（ＡＩＧ）等綜合金融企業亮麗登場。

此外，被日本打敗的傳統製造業也開始出現改變。奇異（General Electric）公司停止生產家電產品，轉型為高附加價值的製造商，也就是變身為提供商品附加價值的服務業。

換句話說，在一九八〇年代，日本享受繁榮景氣，泡沫經濟處於高峰期時，之前被日本打敗的美國開始逆襲。ＩＴ產業、金融業及服務業這些新興產業，打擊了日本經濟。到了一九九〇年代，美國獲得經濟戰爭的優勝獎盃。

ＩＴ產業、金融業、服務業，在擺脫工業型態的聲浪中登場，並不會生產製造出實體商品。這些產業的商業型態，是向消費者提供無形的資訊或服務來獲利，因此製造業時代的成本訂價法當然無用武之地。

於是，美國創立新的訂價方法，這個方法的公式如下：

售價－利潤＝成本

這個公式的首項是售價，而非成本。換句話說，在訂價時，要先設想這個公式的重點：「顧客願意掏錢買單的售價是多少」，也就是要衡量顧客的支付能力、心理、感受等基本條件，然後決定售價。

由於使用這種訂價方法時，產品、資訊或服務的價格，是以顧客認定的價值為基礎，因此稱之為「價值訂價法」。

美國的IT產業、金融業、服務業等新興領域，開始使用價值訂價法，成功建立了各種新的訂價模式。

舉例來說，蘋果的iPhone、iPad、iPod等商品，超越了只是銷售商品的單純思維，提供超乎想像的美觀與便利性，於是不僅可以高價銷售，還創下銷售佳績。

日本因為過去製造技術精湛而打敗美國，迄今依舊沉醉於這個甜美果實，堅持使用成本訂價法，只好不斷削減成本。

相反地，美國因為敗給日本，決定擺脫傳統的製造業，創立新型產業，採用價值訂價法，於是開創出一片新天地。

訂價以顧客為中心，不再當窮忙族

製造業的贏家與輸家，各自選擇不同的訂價方法。從這段歷史中，我們獲得什麼樣的啟示？

那就是，**價值訂價法的基本思想是以顧客為尊**。我們必須轉念：決定價格的主角並非自己，而是顧客。

以耗費的成本為出發點，加上利潤後再決定價格的成本訂價法，是把自己當成決定價格的主角，導致訂價時無法將自己抽離。

因此，廠商才會製造出優良產品，卻又要削減成本，堅持「商品要物美價廉」的原則，這是一種以自我為中心的思考模式。

相對地，以售價為出發點的價值訂價法，則是把顧客當成主角。價值訂價法的中心思想，在於能否讓顧客滿意。如果顧客感到滿意，像蘋果公司的低成本商品，也可以訂出高價。

相反地，如果顧客不滿意，即使努力削減成本，讓售價低廉，顧客還是不會掏錢購買。這樣做生意的方式根本是錯誤的。

從事資訊業、服務業相關產業的人，應該能夠從上述情況中得到培養「訂價哲學」技能的啟示。

「消費者對於你提供的產品、資訊或服務滿意嗎？」

「能否提供顧客超越低價的快樂、舒適，或是讓顧客產生共鳴、覺得舒適自在呢？」

關於這些問題，請各位再次思考及確認。如果你認為「沒問題」，就請滿懷自信訂個高價吧！

如果你感覺些許不安，應該重新檢視你提供的產品或服務。首先，你要下定決心「高價出售」，然後反推回去，審視交易模式。這就是所謂的「優質訂價」。

現在業界仍保留傳統的成本訂價思維，於是在產業轉型為資訊業、服務業時，發生了不幸的事。如果再不改變觀念，零變動成本的資訊業、服務業，只能朝向零報酬的谷底前進。

在這樣的趨勢下，有些人可能總是只接到低報酬的工作，然後以「我好忙」為口頭禪，無法擁有個人時間，最後搞到身心俱疲。總是把「忙」掛嘴邊的人，會變成不幸的人，因為他無法擁有寬裕的時間與創造力。

最後，對於經常感嘆賺不到錢的資訊業、服務業與創作者，我提出一個建議。如果有一位只懂得成本訂價法，被營業額、成本預算等數字綁架的大企業承辦人，對你說：「我們公司是以很少的預算在經營，因此只能支付較低的報酬」，請你回擊：

「我的時間很寶貴，如果你不能支付高額報酬，恕我無法接受。」

本章重點

▼降價之後，會遭遇三個阻撓「銷售數量增加」的障礙：①自我能力的極限；②競爭對手也跟著降價；③顧客的消費情感。

▼「商品要物美價廉」的法則，已變質為便宜販售消費者不需要的東西。於是，產生「通貨緊縮」和「數位」的雙D問題。

▼價值訂價法的基本思想是重視顧客。企業與專業人士必須轉念：決定價格的主角並非自己，而是消費者。

＊編輯部整理

PRICING

第5章

真的很便宜？其實你會賺很多的「組合訂價策略」

在二〇一五年的葛萊美獎頒獎典禮上，往日巨星搖滾歌手王子（Prince）的致辭：「各位還記得唱片嗎」，得到滿堂喝采。

在現今這個時代，人們想要聆聽音樂時，已經很少購買錄音帶或CD，而多半是透過網路付費下載單曲。最近，連「定額聽歌聽到飽」的服務也登場。觀察這樣的趨勢轉變，不禁感嘆真是潮來潮去如此之快。在這樣的趨勢下，美國已經創立新的訂價方法。

接下來，我將帶領各位回顧變遷的經過。你一定會恍然大悟：「啊，原來是這樣。」日常生活中的商品價格之謎，也跟著解開。然後你將明白，為何老一輩的搖滾歌手紛紛到世界各地舉辦演唱會。

我們一起解開非唱片時代的價格之謎吧。

訂價法1

價值訂價法

中午十二點多，吃過牛肉蓋飯後，走進星巴克點一杯咖啡，這是許多人的日常寫照。在這樣的過程中，其實隱藏著訂價之謎。

為什麼咖啡比牛肉蓋飯貴？如果以成本決定價格，應該是牛肉蓋飯比咖啡貴才對。但事實上，成本高的牛肉蓋飯售價比較低，成本低的咖啡售價卻比較高。

從牛肉蓋飯與咖啡的售價，可以看出日本與美國在訂價觀念上的差異，也就是成本訂價法與價值訂價法的不同。

成本訂價法：成本＋利潤＝售價

價值訂價法：售價－利潤＝成本

案例

星巴克咖啡成本很低，但賣得比牛肉飯貴，關鍵是……

許多餐廳老闆告訴我，他們的訂價方式是「售價是成本的三倍」。我問他們：「為什麼這麼訂價？」老闆的答案也模糊不清，只說：「這是前輩教我的。」

許多餐廳的原物料成本確實約是營業額的三〇％。因此，就經驗法則而言，「售價是成本的三倍」是正確的決定。

但是，如果這麼想，就不會產生「賣高價」的念頭。而且，因為「依據成本決定價格」，會覺得「成本低，價格訂得太高，對不起顧客」，於是在訂價時氣勢容易變弱。這正是成本訂價法的缺點。

相對地，價值訂價法思考的重點是售價，先從售價來考量價格，把成本擺在後面。也就是說，依據「顧客願意掏錢買單的售價是多少」，來決定價格。理想的結局當然是高價售出。

美國比日本早一步擺脫傳統工業型產業而成功轉型，出現不製造實體商品的資訊業、服務業。由於沒生產物品，沒有材料費等成本，因此不採用過往的成本訂價法。於是，改以「顧客付得起的金額」為出發點，發展出能實現高價銷售的訂價法。

星巴克咖啡賣得比牛肉蓋飯還貴，其價格中隱藏著美國邁向高訂價之路的足跡。

得先突破兩個心理障礙

各位是否發覺，在電車車廂內攤開報紙閱讀的人變少，現在每個人都滑手機盯著螢幕，而且書籍和報紙的電子版越來越多。

出版書籍或報紙的出版社及報社，都在苦思新時代的訂價方法。假如販售的不是紙本資訊，而是數位資訊，原有的成本訂價法根本無法使用。

以前的書籍或報紙，是以紙張費用、印刷費、運送費等成本為依據來訂價。但現在，「以自身成本為出發點的訂價方法」已經落伍。

紙本書籍與電子書的成本結構，包含搬運費和銷售管理費在內，本來就不一樣。而且，擁有的讀者群與競爭對手也不相同。因此，一定要從「以成本為主」的訂價模式，轉型成「以顧客為主」的訂價模式。

顧客不需要知道出版的成本是多少，他們純粹是依據自己覺得「這樣的售價是貴或便宜」，來決定要不要掏錢購買。

首先，要卸下「必須以成本為依據來訂價」的心理障礙，轉換為「以顧客願意付費的金額為出發點」的訂價模式！

最近幾年，我在日本全國各地，舉辦以「再降價，吾寧死」為題的商管研習會。參加者多半是資訊業、服務業、稅務或保險經紀等行業的專業人士。

他們幾乎每個人都陷入「報酬下跌」的痛苦深淵裡。聽聞他們的故事，我發現大家都提到「顧客滿意」這四個字。

說穿了，他們都認為以低價提供優質服務，能夠提升顧客滿意度。由此可見，除了要卸下「必須以成本為依據來訂價」的心理障礙之外，還得連根拔除另一個心理障礙，那就是「消費者喜歡便宜」的成見。

幾乎所有的商務人士都有這樣的迷思：越便宜越能滿足顧客。於是，不管提供多麼優質的商品或服務，也無法高價銷售。不過，事情絕非如此。

商品物美價廉的事，就交給永旺集團、山田電機、優衣庫、宜得利家居來處理。從現在起，我們必須轉念，將原本「以廉價商品滿足顧客需求」的想法，轉換成「**以高價商品滿足顧客需求，訂出顧客滿意的高價格**」。

尤其是從事新興資訊業、服務業的人，還有小型自營商，更要建立這樣的觀念。從現在起，要追求能讓顧客滿意與認同的高價格。不再甘於滿足顧客撿便宜心理的低價格，唯有設定讓顧客滿意的高價格才是王道。

訂價時，面對三個價格區

請參考圖表5-1，會發現訂價有三個價格區域。若用價格來排序，從低到高分別是成本回收價格區、競爭價格區、滿意高價格區。

位居最下面的是「成本回收價格區」，是可以讓自己的成本回收的價格區域。正中間的「競爭價格區」，是指周邊競爭對手的價格區域。最上面的「滿意高價格區」，則是讓顧客滿意且認同，即使昂貴也願意購買的價格區域。另外，這三個價格區域，分別與自己、競爭對手、顧客相呼應。

事實上，許多商務人士都會將「讓顧客滿意」這種話掛嘴邊，但是在思考訂價時，卻只想到成本與競爭對手。

他們的訂價法則是：「能夠回收成本，且價格比競爭對手低」。我這麼說，一點也沒有言過其實。在日本，九〇%以上的訂價都是遵循這個法則。

如果你參考這個多數人遵循的訂價法則，當競爭對手開始降價時，你自己也會配合開始降價。這就是敗犬們的戰爭。

為了徹底擺脫這樣的削價競爭，只能將目標鎖定在最頂端的「滿意高價格區」。

劣質訂價，是只看到成本與競爭對手的價格。

優質訂價，是以讓顧客滿意的高價格為追求目標。

圖表 5-1　訂價時的三個價格區

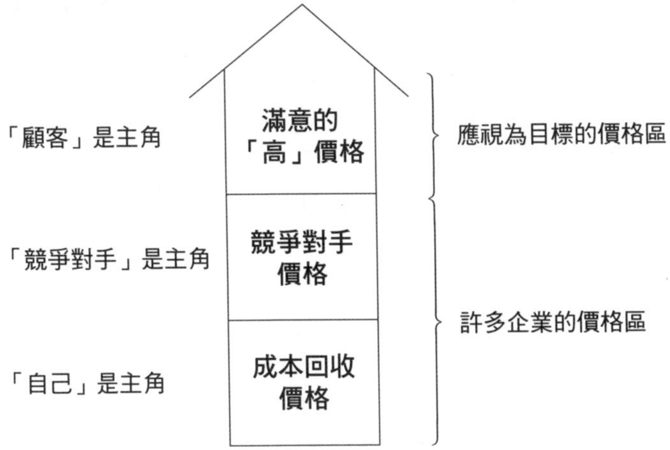

問題在於如何找出「通往高價格之路」？真的是知易行難。

我們不可能輕輕鬆鬆就能像古馳（GUCCI）、愛馬仕（HERMES）等精品名牌，將商品價格訂在高價格。為了實現高價格的訂價目標，有各種方法、途徑或是想法。

接下來，介紹美國歷經的訂價之路。

訂價法2

產品組合訂價法

學習產品組合訂價，不再想回收成本

最近在日本，有許多案例是因為原物料費用等成本高漲，而提高商品售價。不過，這不是個好現象。

原因在於，這樣的訂價思維還停留在「回收成本」的傳統觀念裡。將成本或消費稅提高的部分轉嫁至價格，根本是老舊的成本訂價思維。

首先，禁止再想回收成本。你的口頭禪當然要換成「目標是『滿意高價格』」，但是毫無理由的漲價無法讓消費者買單。

圖表 5-2　複數商品組合

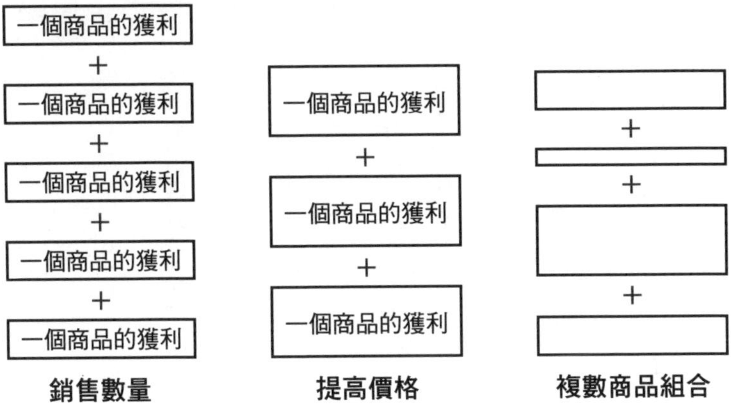

在製造業方面，美國雖然一時敗給日本，但在漫長的歷史過程中，陸續出現了「高價銷售的組合模式」。這正是行銷概念的起點。

在美國，產業界不只想著製造優質產品或是提供優質服務，還思考行銷方法、銷售方法及獲利方法。美國的行銷方法已經從銷售單一商品，進化到銷售複數商品與服務組合。

不是只追求銷售數量，也不是一味提高價格，而是將複數商品組合。也就是說，從單一商品訂價，提升為複數商品組合訂價。這時候，「該將哪些商品組合在一起」，成為思考重點。

這樣的「產品組合訂價法」（Product Bundle Pricing），是經過以下三個歷史階段進化而成。

①專用配件訂價模式（Gillette Pricing / Captive Product Pricing）
②免費訂價模式（Free Pricing）
③線上對線下訂價模式（O-to-O Pricing / Online to Offline Pricing，簡稱O2O）

首先是「專用配件訂價模式」，這是將「一個低獲利商品」與「一個高獲利商品」長期組合銷售的模式。

其次是「免費訂價模式」，這是將零獲利商品與高獲利商品組合銷售的模式。

最後是最近才出現的「線上對線下訂價模式」，這是將線上商品與線下實體商品組合銷售的模式。

以上這些組合模式，都屬於「產品組合訂價法」。

案例

吉列發明「可替換式T型刮鬍刀」，讓你不斷花錢買配件

「產品組合訂價法」不賣單一商品，而是將複數的商品或服務組合在一起，訂價並銷售。

「產品組合訂價法」的始祖是「組合銷售」模式，最簡單明瞭的例子，就是麥當勞的「超值組合餐」。由漢堡、薯條及果汁組合的超值組合餐，在價格設定上，比三個單一商品的合計價格還要便宜，讓顧客看了就覺得選購組合餐比單點划算。

站在店家立場來看，將「一個商品獲利低」的漢堡，與「一個商品獲利高」的薯條和果汁組合銷售，當然能賺錢。這種套餐式的產品組合，便是能讓獲利提高的超值組合。

後來更加進化，組合不再只限一次性的套餐，而是演變為可以長期重複點購的商品組合。這就是所謂「專用配件訂價模式」。

吉列（Gillette）是美國大型的刮鬍刀企業。二十世紀初期，創辦人金恩・吉列（King C. Gillette）絞盡腦汁，歷經一番苦思後，終於想出「長期銷售，不斷回購」的商品組合。

吉列發明的「可替換式T型刮鬍刀」，與市面上既有的使用壽命長且堅固耐用的刮鬍刀不同，它的薄刀片是可替換的。一開始只賣「刮鬍刀」這個主商品。後來，主商品與「替換式刀片」這種專用配件組合成一套商品銷售。這套「長期銷售、不斷回購」的商品組合，為創辦人吉列帶來了龐大財富。

成功的重點在於，讓顧客能以「比第一次購買刮鬍刀還便宜」的價格，買到商品組合。商品組合的價格比原本的主商品還要便宜，顧客當然會覺得撿到便宜而大肆購買。

一個主商品的獲利低，沒有關係。因為，將商品組合在一起之後，就能夠利用一個專用配件商品的高獲利，賺進龐大的利潤。

於是，原本只購買一次的單一商品，轉型為「長期銷售、不斷回購」的商品組合，也奠定了吉列特有的配件訂價模式。後來，許多商品也採用這種訂價方法。

其中，大家最熟悉的例子應該是電動牙刷。牙刷本身價格便宜，然後與牙刷頭配件組合在一起販售。顧客為了幫每位家人準備牙刷，會一直回購牙刷配件，讓廠商不斷賺進白花花的銀子。

從電動牙刷到影印機，都這樣長期持續賣

不論是吉列刮鬍刀或是電動牙刷，各位得知道一個現象：相較於主商品，專用配件商品（像是可換式刀片、備用牙刷頭等）的「一個商品的獲利」比較高。

「便宜販售主商品，將獲利目標鎖定在專用配件商品」的行銷手法，等於**把最初的主商品當成誘餌，因此又稱為「誘餌行銷術」（Captive Selling）**。

佳能（Canon）公司引進誘餌行銷術，也就是專用配件訂價模式，讓企業成功轉型。佳能的影印機、印表機、單眼數位相機等主商品，在訂價上都是相對便宜，但它

們都是誘餌。以影印機為例，之後得更換碳粉匣。雷射印表機的墨水很快就會用完，勢必要更換墨水。

另外，單眼相機這個主商品雖然相對便宜，但是替換式鏡頭卻相當昂貴。將拍攝的照片印出來，需要支付紙張費用，如果印了許多張，印表機墨水馬上就用完了。

於是，佳能透過這些「長期銷售、不斷回購」的商品組合，賺得龐大利潤。不論怎麼看，顧客後來長期且持續購買的商品，它「一個商品的獲利」都很高。

事實上，佳能過去是一家靠製作生產商品而獲利的公司。在相機產業，佳能與尼康（Nikon）並列為世界級的頂尖企業。但是，顧客對於性能佳、耐用且壽命長的產品，不會有回購、更新的念頭。結果，主商品只有一次銷售機會而已。

因此，佳能認為將主商品與補充配件組合在一起販售，才有獲利空間。於是，徹底改變原來的商業模式，決定將一個低獲利的主商品，與一個高獲利的消耗性商品組合在一起販售。如此一來，獲利就會確實且穩定增加，這就是專用配件訂價模式。

訂價法3

「免費加付費」組合訂價法

花一九〇買燈泡，沒想到別處兩個賣一百

二十世紀初期，美國發明的產品組合銷售法，在一百年之後，被日本的佳能公司仿效。

在發祥地美國，原來的配件組合訂價模式有了更先進的發展，那就是在網路時代登場的「免費組合訂價模式」。基於便宜的噱頭，網路時代的專用配件組合訂價模式，使得價格更低廉，最後變成免費。於是，出現「免費」加上「一個高獲利商品或服務」的組合。

在說明免費組合訂價模式之前，請先思考「免費」這個詞的影響力。每個顧客都對「免費」這個詞難以招架，沒有人能抵擋這種誘惑。

街道上，在掛著「先到的〇名可享免費優惠」招牌的店門前，總是大排長籠。這到底是怎麼一回事？

舉例來說。我前幾天回老家省親，發現家裡燈泡壞了一個，於是趕緊到附近的日用品商場，購買一個售價一九〇日圓的燈泡。後來，我因為其他事情到大創（Daiso），赫然發現那裡的燈泡是兩個一百日圓！頓時，氣餒、喪氣、不敢相信的情緒全部湧上心頭：「怎麼差那麼多……。」

我絕不是有錢人，也不算是窮光蛋，相差一百日圓對生活不會有影響。但不曉得為什麼，我強烈地感覺自己虧大了。這個衝擊的真貌，就是買貴而後悔的心理。

打八折與買五送一，哪個比較賺？

有一種交易方法不會讓顧客產生後悔的心理，那就是「免費」。世界上沒有比免費更便宜的東西，顧客不會對此感到後悔。因此，害怕後悔的顧客整個心都被免費搶走了。

美國商務人士察覺到這個道理，提出將「免費」這個詞擺在商品或服務前面去開路的策略，藉此抓住消費者的心。

以夏威夷的基本款巧克力伴手禮為例，產品旁邊的板子寫著「買五送一」，也就是說「如果買五個，一個免費」。這樣的數字會觸發很大的心理作用。

對店家來說，「買五送一」比打八折還要賺錢。舉例來說，用進貨價格七百日圓、售價一千日圓的巧克力，來試算「打八折」與「買五送一」，結果是「一個免費」的獲利比較高。

其原因在於，如果打八折，光是降價就能讓「一個商品的獲利」減少。這時候，

圖表 5-3　打八折與買五送一，哪個獲利高？

■打八折的獲利：

「一個商品的獲利」100日圓 × 銷售數量5個＝「整體獲利」500日圓

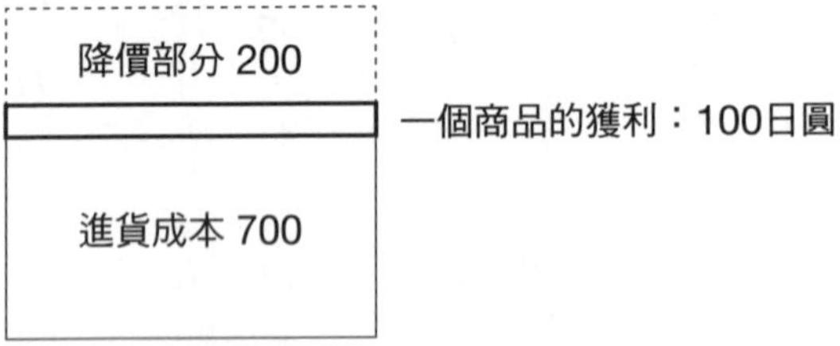

■買五送一的獲利：

「一個商品的獲利」300日圓 × 銷售數量5個＝1500日圓
1500－免費商品的進貨成本700＝「整體獲利」800日圓

每賣出一個巧克力，就減少兩百日圓的獲利，賣出五個等於獲利減少一千日圓。既然如此，送出一個進貨成本是七百日圓的巧克力，還比較有賺頭。

比較「一個免費」與「打〇折」，前者不僅獲利較多，而且可以產生很大的心理作用。

因此，使用「免費」策略，在數字與心理方面都能造成莫大效應。銷售男裝時，「第三件免費」遠比「打〇折」更吸引人。在訂價入場費用時，「兒童免費」遠比成人和兒童都打折更吸引人。

案例

手機業者推出「家人通話免費」，卻賺到高額基本費

有一家高爾夫球場很苦惱於這種狀況：客人已事先預約時間，卻無法照約定時間來打球。尤其是，需要坐車移動的客人經常會比預約時間晚到，於是桿弟來不及安排準備。到底什麼方法，可以讓這些歐吉桑顧客一早就準時到呢？

這家高爾夫球場想出一個能讓客人依照時間提早來的妙計，那就是早餐免費。在實行這項服務之後，提早到的客人變多了。

我聽到這個故事之後，不禁苦笑：「原來不是只有歐巴桑，才無法抗拒『免費』這個字眼！」

沒錯。人類不分男女，都對於「免費」毫無招架之力。

「免費」的影響力是如此巨大，於是人們運用吉利的專用配件模式，開發出「免費＋付費」組合訂價法。

網路世界經常使用這種方法，舉例來說，使用者眾多的Dropbox資料存檔服務，提供一定容量的免費使用優惠。但是，對於大量儲存聲音、影像等檔案的使用者而言，免費使用的容量根本不夠使用。因此，為了招攬顧客，廠商提出「付費讓儲存容量增加」的服務。

類似概念的商品項目越來越多，例如：起初看似免費、後續要付費的電子書，或是可免費玩遊戲、但要付費購買武器的手機遊戲等。在網路商店業界，「運費免費」的商家最有吸引力。

事實上，不只是網路世界中流行免費，「免費」的力量已經擴散到所有的商業領域。

・首次體驗免費
・接送免費

・兩個月會費免費

・辦理手續費免費

最近，宣傳單或廣告經常出現上述內容。「免費」不只是在商業領域盛行，連在大學等教育機構也越來越流行，已經有學校打出「學費與教科書籍費部分免費」這樣的廣告。

雖然只有部分的服務、部分的人享有免費，其他全部都要收費，但是我們總是只看到「免費」這個詞。

手機通訊業者提出「家人通話免費」的服務。看到免費而開心簽約的人，請仔細回想一下。到目前為止，你與家人通話的時間有多長？

會與女兒或兒子長時間通話嗎？曾經跟太太或先生用電話情話綿綿嗎？這樣的人應該很少吧。

一般來說，親子之間的對話大多是這樣：「啊，我現在正要回家，掛電話了」、

「好，我知道」。另外，很少有夫妻會講電話很久。

我們總是受到毫無緣由的「家人通話免費」所吸引，然後全家都跑去簽約。通訊業者本身也很清楚，沒有人能抵擋「免費」的誘惑。因此，只鎖定有吸引力的「家人通話免費」來全面打廣告，然後在背地裡大賺消費者的錢。

未來，會不會出現真正最需要打折扣的「小三通話免費」服務？

強調最吸引人的免費部分，卻低調地透過收費部分大賺其錢，這就是免費組合訂價模式。

訂價法 4

「敗犬與勝貓」組合訂價法

搖滾巨星為什麼紛紛舉辦演唱會？

從「專用配件訂價模式」進化為「免費訂價模式」的趨勢，已經無法停息。最近，在網路世界又有新的訂價法問世，那就是線上對線下訂價模式。

已故的搖滾歌手王子，曾經在葛萊美頒獎典禮上說：「各位還記得唱片嗎？」這句話道盡了這股風潮降臨的背景因素。

近幾年，老一輩的搖滾歌手紛紛到其他國家舉辦演唱會。這些歌手包括了保羅、麥卡尼（Paul McCartney）、艾瑞克・克萊普頓（Eric Clapton）、滾石合唱團（The Rolling Stones）、Kiss合唱團、傑夫・貝克（Jeff Beck）、范・海倫（Van Halen）、史密斯飛船（Aerosmith）、波士頓合唱團（Boston）等。我認為，出現這種狀況的大原因是唱片滯銷，費盡心血製作的新專輯現在卻賣不出去。

自從CD出租店問世之後，不用再花錢買CD，用租借即可。而且，在數位化的環境裡，出現了使用違法軟體免費取得樂曲資訊的人。

於是，音樂人正是最早成為敗犬的行業。他們無法在線上網路世界（敗犬世界）賺到錢，只好將活躍的舞台搬到線下實體世界（勝貓世界），而方法就是演唱會。

案例 業者用「線上下載＋演唱會＋周邊商品」，解救CD的滯銷

像前述由線上轉為線下的趨勢，叫做「O2O」。粉絲支付入場費，進入演唱會現場，會在現場購買手冊或CD，於是形成「樂曲收入＋演唱會收入＋周邊商品收入」的線上對線下組合模式。

而且，演唱會主辦單位通常會將演唱會實況錄音及錄影，日後再發行現場音樂商品。如此一來，從線上到線下，然後回歸線上。

在數位化環境裡，連世界知名的音樂人也要將舞台移轉至線下實體世界。線下世界不同於敗犬的線上網路世界，而是勝貓的世界。在實體的演唱會現場（類比），觀眾能與歌手交流互動，進而產生感動及共鳴（接觸），只有在這裡才能體會到專有的愉悅（舒適）。

線上對線下的組合，就是將便利卻冷血的敗犬空間，與溫馨舒適的勝貓空間組合在一起。雖然敗犬的「一個商品的獲利」空間小，但是勝貓的「一個商品的獲利」空間很大。

上述說明了知名歌手的情況。其實，我也處於線上對線下組合的潮流中。我喜歡窩在家裡寫書或是撰寫連載專欄，但是只靠版稅或稿費，賺不到什麼錢。未來是否是電子書的時代，目前仍是未知數。我不認為自己的文章能贏過手機遊戲，於是我在線下世界尋找出路。

看過我作品的讀者會參加我舉辦的研討會或演講，還有人前來諮詢。然後，當我有新書問世時，這些人會再度捧場。這就是道地的線上對線下組合。

在其他領域當中，也出現線上對線下組合的嶄新案例。網路上有一家名為「e-zakkamania stores」的店家，專賣服裝、包包、鞋子等商品。這家店原本是神戶地區的小型網路商店，因為商品摩登可愛，深受年輕族群歡迎，現在已成為日本知名的網路商店。後來，這家店還在東京澀谷設立實體商店「Styling Lab」。

店員會針對來店的顧客提供穿搭建議，換句話說，這家店跳出網路世界，設立可以讓顧客實際試穿衣服的場所。如果顧客對於店員建議的穿搭方式感到滿意，就會到網路商店購買衣服。這也是線上與線下組合。

線上對線下組合，不再是大企業的專利，也不是知名歌手才會用的模式，而是適用於所有的商業領域。而且，線上對線下組合，能夠讓我們擺脫敗犬競爭，給予我們追求滿意高價格的重要機會及啟示。

但是，要成功做到線上對線上組合並不容易，因為線上世界與線下世界是價值觀截然不同的兩個領域。兩個世界的方向正好背道而馳。

線上敗犬世界是個「免費最棒」、追求廉價的世界。
線下勝貓世界是個「開心最重要」、追求舒適的世界。

偏好與敗犬競爭的男性商務人士，難以理解勝貓的世界觀。一般來說，執著於資料分析、擅長使用Power-Point做簡報的男性，比較不擅長建立歡樂、感動人心的舒適氛圍。因此，長久以來在製造業為主的工業社會裡搏鬥的男性，即將面臨事業發展的極限。

歌手想取悅親自到演唱會現場的粉絲，我也努力讓參加研討會的人享有「值得參加」的感受。

我女兒親自造訪e-zakkamania的實體商店Styling Lab之後，開心地對我說：「能夠親自去一趟，真的太棒了。超開心！」

勝貓的感性就是歡樂，其訴求就是有趣。男性在會議室構思線上對線下組合時，可能只想到「用手機獲得優惠券」這類提案，無法讓人感到有趣或歡樂。

這種欠缺感性思考而提出的企畫案，讓我深深感覺工業社會逐漸邁向終點。產品組合訂價法已經從「低獲利商品＋高獲利商品」的組合，轉型為「獲利商品＋歡樂商品」的組合。

於是，產品組合訂價法引發的時代巨變，也將來臨。在現今的商業環境，消費者已經逐漸厭倦「透過手機贈送折價券」的促銷手法。因此，只有價格便宜，無法讓他們買單。

厭倦廉價行銷的消費者開始追求歡樂與樂趣，想把錢花在能帶來歡樂或感動的事物上。商家獲利加上讓顧客開心快樂，創造出「樂趣組合」（Fun Mix），形成讓人產生共鳴、充滿感動與舒適的商業模式。這絕對需要女性的感性。

過去帶動工業社會的男性思維，已經不足以應付現今的商業環境。舊思維企畫的線上對線下組合所提供的免費商品，並不會與付費商品連結，也不會製造歡樂，恐怕只是單純的免費，沒有其他可取之處。

刻苦忍耐、不辭辛勞去追求成功的人，不懂得如何建立「樂趣組合」行銷模式。規模效益的崩潰是過於重視工業時代思維，一味擴展事業版圖而導致的後果。各位女性朋友與所有年輕人，你們的時代已經來臨。

本章重點

▼要捨棄「滿足顧客追求廉價商品」的念頭，而要用高價商品滿足顧客需求，思考如何訂出讓他們滿意的高價格。

▼「便宜販售主商品，將獲利目標鎖定在回購的專用配件商品」的行銷手法，等於把最初的主商品當成誘餌，因此又稱為「誘餌行銷術」。

▼不會讓顧客覺得後悔的行銷手法是「免費」。運用「免費」這種策略，在數字與心理方面都能造成莫大效應。

▼厭倦廉價行銷的消費者開始追求歡樂與樂趣，想將錢花在能帶來歡樂或感動的事物。

＊編輯部整理

PRICING

第6章

感覺很便宜？跳脫常規的「心理訂價策略」，讓顧客甘心買單

走在街頭，常常會有「四〇％ＯＦＦ」、「半價促銷」、「免費特惠」的宣傳文字映入眼簾。

調降售價有各式各樣的手段，展現方式也是千變萬化。打折會改變獲利的多寡，而宣傳手法不同，銷售方法也會不一樣。

舉例來說，半價與免費有什麼差異？商務人士若不了解箇中差異，絕對不能降價求售。

採取低價行銷時，重點是要透過數據，加上行銷學的觀點，來思考促銷方式。趨勢的改變並非只有如此，「解讀消費者心理」就是運用心理學來行銷與訂價，已經逐漸受到各界重視。

數字加上行銷心理學組合的新訂價模式，到底是什麼樣的手法？本章將解開出現於街頭巷尾的新訂價模式之謎。

訂價法 5

驚奇訂價法

「買三送一」的整體獲利比半價銷售高

最近的宣傳單或車廂廣告，常會出現「半價特惠」的字眼。我天性稍為悲觀，每次看到這種宣傳難免擔心：「這麼做沒問題嗎？」

就數字上來看，打半價是非常危險的行為，因為在半價促銷時，降價的部分會抵消獲利所得。所以，若是銷售數量沒有爆增，就無法彌補這種損失。

此外，「半價」的魅力現在已經不如以往。既然如此，使用效應更強大的「免費」，又會是什麼樣的情況？

「買三送一」的震撼力道，遠比「買三個半價」更強。而且，買三送一的獲利也比較高。

假設有個商品的進貨成本（變動成本）是三〇日圓，售價是一百日圓。如果打半價，「一個商品的獲利」將減少為二〇日圓，賣出三個商品的整體獲利合計是六〇日圓。

那麼，買三送一的情況又是如何？一個商品的獲利維持原來的七〇日圓，賣出三個共計二一〇日圓。然後，減去一個免費商品的成本三〇日圓，最後的整體獲利是一八〇日圓。

從上面例子來看，「半價銷售」的整體獲利是六〇日圓，而「一個免費」的整體獲利則是一八〇日圓。總而言之，免費的獲利是半價的三倍。

因此，震撼效果較大的免費，不僅吸引人，而且獲利比較多。

圖表 6-1 「買三送一」的獲利，遠比「買三個半價」還要高

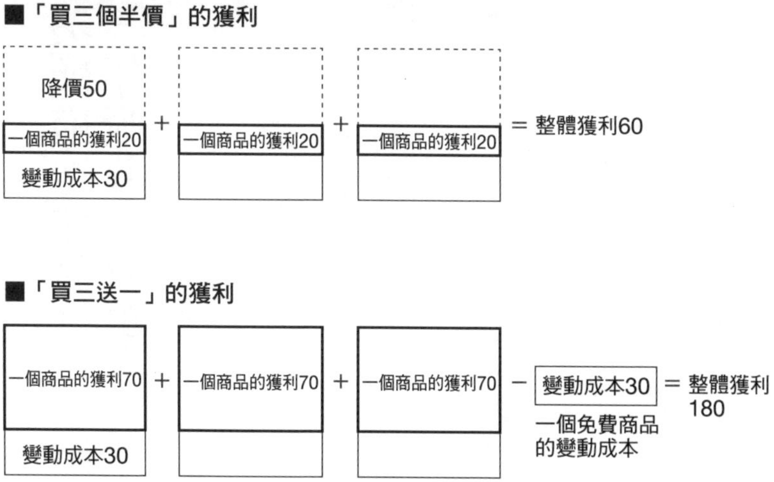

案例

美國航空讓旅客用里程換機票，一年吸收一百萬會員

如果商品的變動成本比例低、固定成本比例高，「免費」可以發揮更高的效益。就固定成本比例高的商品而言，因為「一個商品的獲利」較高，免費行銷時要減掉的變動成本比較低。所以，當顧客受到「免費」字眼的吸引而購物時，商家能賺到高額利潤。

善用這種行銷手法的典型案例，像是航空公司的累積里程，以及電影院的集點方案。

「美國航空」是世界上第一家提出累積里程方案的航空公司。那時候，業績下滑的美國航空，推出「累積足夠里程數，獲得免費機票」的促銷方案，一年內便收一百萬個會員。

圖表 6-2 「免費」行銷，適合以固定成本為主的商品交易

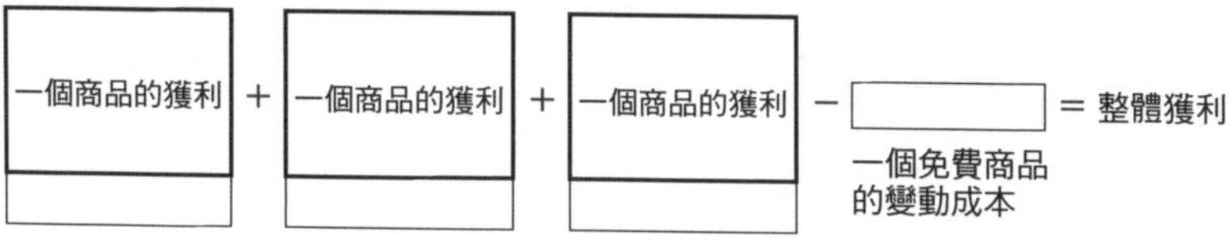

後來，北美地區的航空公司紛紛起而效尤，提出相同的方案。一九九七年，日本各大航空公司也啟動累計里程數的制度。

另一方面，電影院也實施累計優惠服務。例如：ＴＯＨＯ影城推出「看六次電影，送一次免費」的促銷方案，人們觀賞免費電影時，可能會購買飲料、爆米花，看完離場時，還可能加購周邊商品。

電影院就是這樣將「免費＋付費」的商品組合在一起，讓顧客掏錢買單。

航空公司與電影院，都屬於固定成本比例高的行業。如果有空位，透過免費宣傳來吸引消費者，正是明智之舉。另外，飯店或休閒設施也適合提出免費方案來促銷。

務必注意一個重點：這些行業全都是固定成本比例高的「設施型」行業。它們為了避免設備或設施的閒置，以免費行銷來吸引顧客。

但是，以人為主的資訊業、服務業者，若是如法泡製運用這種免費行銷，就會出現問題。聰明的讀者應該已經注意到，以人為主的行業若是實施免費行銷，業者的時間就會被剝奪。

總是將「好忙、好累」掛在嘴邊的專業人士或創意人，根本不適合免費行銷。如果執意採用，恐怕身心健康或是家庭關係會出狀況。

既使如此，「免費」的吸引力真的很強大。變動成本比例高的行業，難道沒有其他方法嗎？有沒有能讓顧客留下深刻印象的宣傳方案？

前幾天，我發現了這樣的案例。

「我的義大利」餐廳用奇襲戰略引爆話題

「請務必選擇成本高的料理。」

我被這句話深深吸引，從未聽過餐廳服務生會對顧客這樣說。其實，我經常在用餐時，推測餐點的成本是多少。不過，我只是純粹評估而已，從來沒問過店裡的人正確答案為何。

一般來說，店家最想隱瞞的數字就是成本。但是，有一家餐廳的服務生，竟然堂堂正正地對我說：「這道菜的成本最高」，讓我受到小小的文化衝擊。這家餐廳的名字是「我的義大利」（my italian）。

坂本孝社長從日本最大的二手書連鎖店「BOOK OFF公司」，轉投資餐飲業。他經營的「我的義大利」、「我的法國」餐廳，提出「以站位享受一流主廚料理」的全新方案，並且讓顧客以低價享用美味高級料理，而深獲好評，因此總是大排長龍。從東京發跡的「我的義大利」、「我的法國」餐廳，也在福岡、大阪展店。

一般而言，餐廳的標準成本是售價的三〇%。據說，這家餐廳的大阪分店開幕時，開發了「成本率三〇〇%」的招牌菜「生海膽泥與魚子醬佐活鮑魚」。

「成本率三〇〇%」表示成本是售價的三倍。如果售價是一千日圓，成本就是三千日圓，因此每售出一個商品就虧損一個，虧損金額是兩千日圓。

「成本率三〇〇％」真的很嚇人。新聞大幅報導過，頓時成為熱門話題。

《孫子兵法》寫道：「凡戰者，以正合，以奇勝。」這句話的意思是，與敵人對峙時，要採取正規戰術；要擊敗敵人時，則使用奇襲戰略。

「成本率三〇〇％」的價格，就是實際執行「戰爭以奇勝」的道理，這是一種驚奇訂價法。

這道菜一天限定二〇份。每次賣出一千日圓的料理，就出現兩千日圓的虧損，以一天限定二〇份來計算，每天會出現四萬日圓的虧損。

其實，一天四萬日圓的虧損等於是廣告宣傳費。這件事只要被媒體報導，將立刻成為超級熱門的話題，而且實際品嘗過的顧客也會口耳相傳。

這樣的廣告宣傳效用非常可觀，一天花費四萬日圓真是太划算。依據目前廣告宣傳費的行情，「一天四萬日圓，一個月一二〇萬日圓」買不到大型廣告。這樣突破框架、靈活彈性的行銷發想，實在值得學習。

圖表 6-3 成本率300%的菜單

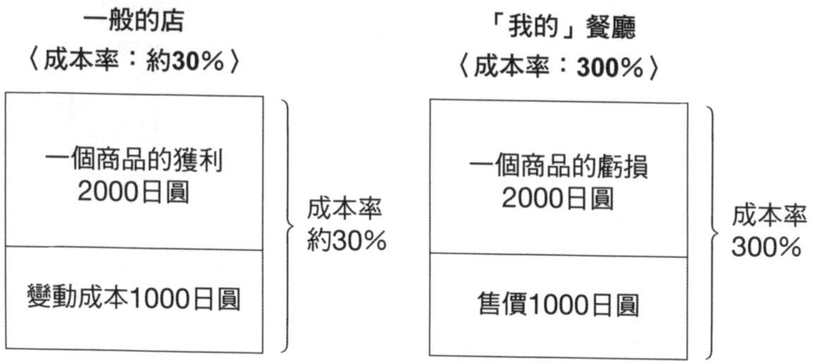

「我的義大利」餐廳刻意將焦點鎖定在赤字虧本，然後製造話題。連服務生都大聲對顧客說：「請選擇成本較高的料理。」這種行銷策略確實讓人敬佩及折服。

不論是免費或是成本率三〇〇％，只要打出這樣的宣傳台詞，都會讓消費者大為震撼，進而強烈希望去實際光顧。這種訂價方法使用令人舒服的宣傳台詞，來打動消費者，就是心理學的實際運用。

「打△折」或是「半價特惠」，已經無法打動消費者的心。思考如何利用心理學來訂價，讓顧客開心地用高價購買，才是明智之舉。

案例 三井住友銀行ATM不秀出公司名稱，賺取手續費

世界最小的健身中心是雙鞋子

MBT是瑞士的球鞋品牌，全名是「Masai Barefoot Technology」（意指馬賽人的裸足科技）。這個品牌的球鞋透過自然的不安定感，來訓練走路儀態，讓使用者擁有像馬賽人一般英挺的站姿。

在日本，這個品牌的球鞋售價將近三萬日圓。該公司以「世界最小的健身中心」廣告台詞，來促銷球鞋。

一雙球鞋要價三萬日圓，確實相當昂貴。不過，提到健身，每位消費者的感受勢

必不同。或許，有些人想到健身中心的會員費，便覺得三萬日圓的售價還算合理。這就是運用心理學訂價的廣告台詞魔術。

銳跑（Reebok）EASYTONE系列的廣告台詞是，只要穿著這雙球鞋走路，就能擁有美腿。這深深抓住女性消費者的心，也是一個傑出範例。

在前言中介紹的拋棄式隱形眼鏡，也是心理學訂價的成功案例。拋棄式隱形眼鏡之所以能成功大量銷售，不是單純因為降價，而是因為搭配「為了清潔與健康」的廣告台詞。

由此可見，這些成功案例並非只是介紹商品，而是具體呈現出顧客能從中得到的利益。

- 擁有英挺站姿
- 擁有美腿
- 看得清楚又健康清潔

商品要物美價廉、只求商品能賣出去的時代，已經結束了。**如果廣告訊息可以傳遞出「使用者會變得開心、漂亮、健康」的想法，就能夠達成「好產品高價賣」**。

這就是透過呈現方式與廣告台詞，來展現商品優異之處，讓顧客滿意地用高價買進。

有些人或許不擅長這種行銷手法。個性嚴謹的商務人士，尤其是不擅長自我表達的人，在介紹商品或服務時，通常只會提及商品性能或特徵而已。

我年輕時曾經任職外商公司，為了參加海外企畫案招募活動，撰寫一份自我介紹的資料。在這份資料中，一定要註明自己的經歷、優點及缺點。我是典型的日本人個性，提到自己的缺點，可以洋洋灑灑列出好幾項，但是想不起自己有什麼優點。

那時候，猶太人上司剛好走到我身旁，他看了我的自我介紹資料之後，用英語說：「這樣不行。你怎麼在缺點的部分，寫英語能力不足。你是笨蛋嗎？你啊……。」

我一直低著頭不敢正視他，用眼角餘光看見他把這些字刪除，然後在優點的項目寫下：「日語說得完美流利。」竟然還有這麼一招，我完全被他打敗了。

我終於明白，為什麼猶太人能在全世界各地賺錢，並且當場頓悟，知道自己無法變得像這位上司一樣。這件事讓我辭去外商公司工作的心意更加堅定。

有些人不擅長表達自己，而且連介紹產品或服務也不在行，但這樣絕對不行。在降價壓力大的敗犬環境裡，這種類型的人很可能淪落為真正的敗犬。為了成為讓顧客感到舒適的勝貓，一定要向猶太人學習。

銀行利用錯覺，讓你以為免收手續費

只要改變行銷訊息，印象就會一百八十度大轉變。因此，我們必須培養圓融靈活的思考能力。

前幾天，我看到三井住友銀行的自動櫃員機，讓我產生這樣的想法：「連一向行事古板的銀行也改變了。」

在自動櫃員機上面有一塊很大的招牌，只寫著「銀行ATM」幾個字，並沒有註明是哪家銀行的機器。

我們都知道，通常如果不是使用自家銀行的提款卡領錢，會被收取手續費。但如果只註明「銀行ATM」，就會讓人產生「免收手續費」的錯覺，而走過來使用。這個策略是利用「不秀出自家銀行名稱」的手法，來賺取手續費的。

在我經常光顧的壽司店裡，到處都貼著「晚上八點前半價」的牌子。到了晚上八點前，就會出現眾多攜家帶眷的顧客，並且大排長龍。

然而，在我眼裡看來，這巧妙運用了前面提及的猶太人心理學。也就是說，以舒適的廣告訊息，讓客人有撿到便宜的感覺。

這家店的營運重點，恐怕不是晚上八點前的半價，而是晚上八點後的價格漲兩倍。然而，這家店卻在廣告宣傳時，將重點擺在「晚上八點前半價」。

過了晚上八點才光顧的太太，不會介意全家享用壽司的花費是多少。此外，有一些人已經微醺，會爽快付錢買單，還有一些人是拿公款來應酬。

相較於這家壽司店的作法，前幾天我光顧某家餐廳，菜單上有道料理註明：「晚上七點以後，多收兩百日圓」。

明明是同一道菜，晚上卻要多兩百日圓。我想顧客看到這種訊息，應該不太想點這道菜。這家餐廳的料理非常美味，其實只要把菜單上的陳述調整為「晚上七點之前，折價兩百日圓」，一定會有更多饕客點選這道菜。

可見得，只是將促銷訊息換個說法，給人的印象就截然不同。這個技巧稱為「框依效應」（Framing Effect），它的含義是：一幅不怎麼樣的畫作，只要更換畫框，便能立刻變成名畫。

換句話說，若能改變呈現或表達方式，就能改變顧客對商品的印象，銷售成果也會不同。

案例

哈根達斯採用小包裝，瞄準對價格敏感的顧客

行為經濟學揭露顧客的直覺

「結束營業清倉大拍賣」、「特別優惠」、「跳樓大特賣」，我們總是被這些文字所吸引。只要看到「一日限定幾個」，不曉得為什麼會開始坐立難安，想要趕緊衝過去購買。

科學上已經解明，「只是看到促銷廣告，內心就蠢蠢欲動而掏錢購買」的心理，就是框依效應。

如同前文的案例，將「英文不夠流利」換成「日本很流利」，只要改變呈現方式

或說法，就能營造出截然不同的觀感。或者，將「月付兩千圓」改成「一天支付七十圓」，感受便會截然不同。

此外，最近在心理學的領域裡，出現一門將研究焦點鎖定在前述人類心理特性的學問，被稱為「行為經濟學」。

在美國，早就將行為經濟學運用於商業領域中，而且非常進步。以前的行銷手法注重銷售模式，現在將焦點則鎖定在消費者心理，進而有各種訂價方法問世。

面對這種趨勢，在日本依舊以「商品要物美價廉」為基準，再加上不擅長自我表現，可說是與當前的潮流完全脫節。

最近，我在某家商業學校開設行為經濟學講座。說真的，選修人數一如當初所料，只有小貓兩三隻。

我想原因可能出在「行為經濟學」這個名稱。許多人一聽到「經濟學」三個字，會以為這像是個體或總體經濟學，一定會用到許多數學公式，內容一定艱澀難懂。

事實上，根本不是這樣，行為經濟學可說是商業心理學。我認為，現在每位商務人士都必須學習商業心理學。

二〇〇二年，丹尼爾・康納曼（Daniel Kahneman）博士得到諾貝爾經濟學獎之後，世人開始關注行為經濟學。在此之前，諾貝爾經濟學獎得主清一色是金融工學領域的數學專家。研究心理學的康納曼獲頒經濟學獎，讓行為經濟學受到矚目。

康納曼博士對於傳統經濟學的常識，提出很大的質疑。他主張：「人類並非如此理性，或許應該說是憑著直覺行動的愚蠢生物。」

女生討厭蟑螂和蛇，原因出在心理效應

一般來說，女孩子都討厭蟑螂。只要在廚房看見蟑螂，就會哇哇大叫，落荒而逃。女性討厭蟑螂並沒有合理的理由，純粹是直覺上討厭。

不過仔細想想，找不到其他昆蟲像蟑螂一般，有著美麗的體型曲線。如果以車子來比喻，就像法拉利或藍寶堅尼那般勻滑，而且體色綻放著黑褐色的光澤。

為什麼人類會討厭蟑螂？或許是因為人類在還是小型哺乳類動物，歷經漫長進化

過程的期間，曾經受過蟑螂之害。或許是因為蟑螂帶來黴菌，不斷危害人類祖先。這種「遭到欺凌的記憶」深深刻在遺傳基因中，讓女性莫名地討厭蟑螂。

同樣地，對於負責看守巢穴的雌性生物而言，想吃掉自己孩子的蛇當然就是天敵。因此，才會有這麼多女性極度討厭蛇。

這些深深刻化的前世記憶會轉換為直覺，再透過行為呈現出來。行為經濟學分析人類的直覺或迷思會如何運作，導致出現不理性的行為。因此，「衝動購物」、「就是想買」、「總覺得討厭」的心理狀態，已經獲得解明。

當價格從一〇一日圓降為一百日圓時，我們不會有任何感覺，但是從一百日圓降為九十九日圓時，就會覺得便宜。傳統的會計學或經濟學，無法解釋這樣的框依效應。不過，「九十九」文字的低價能量確實存在，這就是心理效應。

以「商品要物美價廉」為基準，只訴求產品性能或功能的銷售方法，不需要商業心理學。只要先訂定銷售業績目標，再把銷售員推到第一線去銷售就可以了。

但是，在只會提供好商品，卻因滯銷而開始降價的敗犬環境裡，想要用高價格去銷售，必須使出其他手段。商業心理學就是最佳選擇。

為消費者提供無形的資訊或服務時，更是如此。一定要先了解顧客的感情和心理，否則永遠無法訂出顧客滿意的高價格。

因此，現在正是加緊學習商業心理學的關鍵時機，將訂價模式從以自身成本為主，轉換成以顧客為主。

人們對價格敏感，卻沒留意內容量

人們購物時，總是對價格很敏感。在發現漲價的瞬間，會覺得厭惡，進而感到痛苦，而且對於日常生活相關商品，漲價的痛苦指數更高，食品是最佳例子。尤其是家庭主婦，最不喜歡日常生活相關商品漲價。

舉例來說，美國「Skippy」花生醬的老闆很苦惱：成本上漲，產品一定要漲價才不會虧本，但是漲價可能導致顧客流失。對於生產日常生活相關商品的大企業，這個問題更是嚴重。

最後，「Skippy」花生醬的公司，使出孫子兵法的奇招妙計，克服這個難關。那到底是什麼樣的招數呢？

答案是減少內容量。該公司將產品的價格維持不變，將容器底部加高，減少內容量，進行實質漲價。其實，在美國的食品業界，減少內容量的實質漲價模式，受到廣泛運用。

前言中提到起司片從八片裝變成七片裝，跟這種作法一樣，也是實質漲價。

另外，家樂氏（Kellogg's）將燕麥片產品的紙盒厚度變窄，進行實質漲價。可是，顧客在看到超市商品架上的實品時，因為產品的長度與寬度維持不變，而完全察覺不到漲價的情況。

超市或便利商店販售的哈根達斯冰淇淋，稍稍調降售價，同時改用小杯包裝。只看價格的顧客會覺得降價了，而開心購買。

我們總是對價格敏感，卻從未留意過內容量。

正因為顧客有這種心理特性，實質漲價的方式才行得通。實質漲價的作法是價格不變，但是減少內容量，藉此舒緩顧客的痛感。

在日本，自從二〇一四年將消費稅調高為八％，加上日圓貶值導致物資成本提高，許多食品公司採取實質漲價策略。

我兒子雖然發現起司片少了一片，卻不知道森永大嘴鳥巧克力球的重量少了一公克。在超市購物的人，幾乎沒人發覺所有食品的重量都減少了。在居酒屋開心暢飲的大叔，也沒有察覺中杯啤酒的尺寸正慢慢縮小中。

運用心理學來訂價的訣竅在於，了解消費者討厭漲價的心理，隱藏所有與漲價有關的蛛絲馬跡，默默減少內容量，達到實質漲價的目的。

在美國，已經從製造業時代的成本訂價法轉型為價值訂價法，不再以成本或競爭對手的價格為基準，而是進化到參考心理學理論，採取以顧客為主的訂價方法。

溝通技巧也可用於訂價策略

現在，重視消費者心理與直覺的行為經濟學，在商業應用方面已進展至「溝通」與「訂價」這兩個領域。

這個現象與二十世紀後半期的產業轉型，有莫大關聯。當時美國的產業類型，已經從製造業轉型為金融業、資訊業、服務業。

在金融業、資訊業及服務業的商業領域裡，以產品成本為依據的成本訂價法根本行不通。因為，這些行業具備「零變動成本」的固定成本型結構，競爭對手會一直降價。所以，**為了訂出能讓顧客滿足的高價格，絕對要與顧客建立良好的溝通關係。**

顧客對於你提供的服務有什麼感受？是覺得喜悅或是不舒服？

什麼樣的行銷訊息能讓顧客感到舒適？

於是，在思考上述問題的過程中，孕育出「免費＋付費」、「線上＋線下」的產品組合訂價方法，以及重視行銷訊息、運用心理學來訂價的方法。

在金融業、資訊業及服務業領域裡，如果活用可解讀消費者心理的商業心理學，就能夠在款待顧客方面建立良好的溝通關係。

尤其在類比、接觸交流、舒適的勝貓溝通場合裡，訂定高價格非常有效。而且，以行為經濟學為依據的溝通技巧，不僅適用於顧客，對於改善上司與下屬的溝通關係也效果卓越。

接下來，第七、八章將說明與訂價關係密切的兩個重要主題：錨定效應（Anchoring Effect）與損失規避心理（Loss Aversion）。延續前面介紹的「產品組合訂價法」、「驚奇訂價法」等，第七章將介紹活用錨定效應的「比較心理訂價法」，第八章將介紹利用損失規避心理的「緩解心理訂價法」。

本章重點

▼「買三送一」的震撼力道，遠比「買三個半價」還要強大。對店家來說，「買三送一」的獲利比較大。

▼只是將商品促銷訊息換個說法，給人的印象就截然不同，這稱為「框依效應」。如果能改變顧客對商品的印象，銷售成果將非常可觀。

▼消費者總是對商品的價格敏感，卻從未留意內容量。

＊編輯部整理

PRICING

第7章

比它還便宜？超級業務員最常用的「比較訂價策略」

我先提出一個問題：各位吃鰻魚飯或天婦羅蓋飯時，在松、竹、梅這三種定食套餐當中，點哪一種的頻率最高？

答案可能是竹定食。

為什麼會這樣呢？

這是因為菜單中藏著某種玄機，所以你在餐廳點餐時，要稍微提高警覺。如果你能洞悉箇中玄機，交涉談判的能力也會更上一層樓。

接下來，本章將解開菜單玄機之謎。

訂價法6

比較心理訂價法

賣的不是車，而是與車共度的人生

其實，我對車子不感興趣。雖然我會因為工作或私事上的需要而開車，但當下只是覺得「有車開就好」，並沒有特別喜好帥氣的高級車。

不過，我卻有購買高級車的經驗，而且是在衝動之下購買。我以自備款加貸款的方式，當場買了一輛售價五百萬日圓的BMW汽車。

朋友也覺得不可思議，還問我：「你到底是怎麼了？」

我自己都不曉得為什麼當時會這麼做。不過，我確實是滿懷欣喜向某位女性業務員購買高級進口車。

過一陣子朋友才告訴我：「賣車給你的那個人，就是傳說中的超級業務員。」這位傳奇人物叫做林文子。我買車時，她擔任ＢＭＷ新宿分店的店長。

後來，她跳槽到競爭對手福斯汽車的東京公司，擔任社長，之後回到ＢＭＷ東京公司擔任社長，接下來在日本大榮（DAIEI）公司擔任會長，最後當選橫濱市長。

回想一下那次向林文子購車的經驗。有一天，林文子造訪我家，她一開始就看出我對車子沒興趣，因此交談時對於車子的性能隻字未提。其實，她即使聊車子性能方面的事，我也不懂。

於是，林文子談其他的話題，問我一些日常生活的事，來了解我過什麼樣的生活，是個什麼樣的人。我告訴她，我從事自營業，時間很自由，但壓力也很大。

然後，林文子很巧妙地將ＢＭＷ高級車款融入我的生活中。在與她聊天的過程中，不知從何時開始，我想像自己駕駛ＢＭＷ到河口湖兜風的情境。突然間，我覺得自己很適合駕駛ＢＭＷ，在高速公路上奔馳。

在我向林文子購車之後，NHK曾經製作播出以她為藍本的連續劇《首席銷售員》（*Top Sales*）。在劇中，飾演女性業務員的女主角說：「我不是在賣車子，我賣的是與車共度的人生。」

我聽到這句台詞，忍不住苦笑。沒錯，林文子就是那樣的人。

案例

ＢＭＷ超業推銷術，讓你不知不覺想買得符合身分

那次向林文子購車，確實讓我經歷了一次非常好的購物體驗。

當然，我駕駛ＢＭＷ的感覺十分舒適暢快，但更重要的是，親身見識到「如何讓顧客開心購買高價商品」的神技。

那個經驗成為我從事自營業時，「販售高額服務」的最佳範本。那件事已經過二十多年，但回顧過往，不禁更加感佩林女士的獨到之處。

每當我閱讀行為經濟學書籍，學習各種心理效應與技巧時，常會發現林女士曾經用過這一招。

林文子在造訪我家時，曾經問我：「您認識的朋友當中，有人開ＢＭＷ嗎？」我

回答：「有位名叫S的後輩是開BMW。」林女士又問：「這位S先生與您是什麼樣的關係？」我告訴她，S是我的同鄉，也是會計師，在工作上是我的後輩。

我和林文子就這樣一問一答，突然她說：「S先生就是因為有您這位值得信賴的前輩，工作才能如此出色篤定。」我覺得很不好意思，說：「您過獎了，我沒有那麼了不起啦。」

其實，這樣的交流正是重點所在。

在雙方交談的瞬間，我腦中出現了「自己是值得信賴的前輩」的形象，以及「自己比S更適合使用高級品」的想法。

我無法擺脫「值得信賴的前輩」這個意念。如果S開普通的中古車，我得選擇比他高級的新車。

在不知不覺中，「我開的車不能與S的車同等級」的想法，已經在我腦中定型。我認為，自己購車的基準是要比S的車更高檔，而且高檔的車子能帶給自己成就感。

像這樣「將某個事物當做基準，再運用這個基準，來比較並判斷其他事物」的心

理作用，稱為「錨定效應」（Anchoring Effect）。

「錨定效應」當中的「錨」，是指船錨。「錨定效應」的意思是，當我們認定某件事物為基準時，這個基準就像將船定位的錨，以後我們凡事都會與它做比較，再下判斷。

那時候，林文子應該沒聽過「錨定效應」這個名詞。但是，她自然地運用這個技巧，證明她確實擁有成為天才超業的實力。

她的一句「值得信賴的前輩」，讓我心情好到衝上天，並心甘情願地買下高階的BMW汽車。

裁縫師兩兄弟，讓顧客以為撿到便宜

當我們考慮是否要買某項商品或服務之際，如果只觀察這項商品或服務，通常很難決定是否要買單。

如果可以比較A與B，就會明確知道自己要選擇哪一個，更容易下決定。透過比較而容易判斷，就是錨定效應的本質。

美國的知名廚具用品店Williams-Sonoma，曾推出家庭用高級烤麵包機，售價二七九美元。過一陣子，又推出大型烤麵包機，售價四二九美元。據說，四二九美元的大型烤麵包機問世之後，二七九美元的小型烤麵包機的銷售額，提升近兩倍。

原因在於，二七九美元的烤麵包機剛出現時，消費者無從判斷它到底是貴還是便宜。等到四二九美元的烤麵包機問世之後，消費者得以比較這兩者，然後認為二七九美元的烤麵包機物超所值，使得它的銷售量迅速攀升。

接下來，介紹在一九三〇年代，經營西服店的一對兄弟的故事，他們的名字分別是席德與哈利。

顧客站在鏡子前試穿西裝，向席德詢問這多少錢，席德馬上問在裡面縫製衣服的哈利：「這套西裝多少錢？」

「那套西裝是最高級的全羊毛材質，售價是四十二美元。」其實，哈利報出的價格比實際售價還要高。

這時候，席德假裝聽不清楚，再問：「你說什麼？到底多少錢？」

哈利又說了一次：「四十二美元！」

然後，席德轉向顧客，告訴他：「好像是二十二美元。」於是，顧客趕緊掏出二十二美元買下西裝，迅速離開。

由此可知，顧客會透過比較來判斷貴或便宜。因此，菜單不能自大地寫著「只有一道料理」，因為顧客會無從選擇。

我們唯有透過比較，才能知道損或得。

因此，「先寫上高價格，再用兩條線畫掉，寫上較低價格」的古老訂價法，擁有強大的心理作用。消費者會先看到高價格，然後發現有低價格，立刻產生「撿到便宜」的心態。因此，特價拍賣才會吸引搶購人潮。

透過比較來營造物超所值的感覺，讓顧客開心選購商品的策略，被稱為「比較心理訂價法」。

看電影、吃飯，折扣價成為常態

影城的電影票有各種折扣，例如：早場折扣、女士折扣、首次折扣、團體折扣、日期限定折扣，還有與通訊業者合作提供優惠方案。

結果，幾乎每個人都是以折扣價看電影，很少人是支付原始訂價。在購買電影票時，比較原始訂價之後，就會有賺到的感覺。

不過，以原始訂價購票看電影的人，可以使用累計方案「看六次享一次免費」。

總而言之，雖然形式不同，但是每位顧客都覺得自己獲益。

高級餐廳也採用比較心理訂價法。在東京某家高級飯店的餐廳，午餐菜單提供三種套餐。價格分別是五，八〇〇日圓、四千日圓、三千日圓。

我認為，最高價格的五，八〇〇口圓是個幌子。雖然很少人會點五，八〇〇日圓套餐，但是它具有重要意義。五，八〇〇日圓套餐的存在，是否讓人覺得中間價格的四千日圓套餐便宜？

假如午餐菜單只有四千日圓與三千日圓兩個價格，多數人通常選擇三千日圓。但是，大家看到五，八〇〇日圓的套餐，會以這款套餐為基準（船錨）來做比較，而覺得四千日圓便宜。

面對三個選項，人類天性喜歡選擇中間那一個。不論是鰻魚飯或天婦羅蓋飯，如果讓顧客從松（最貴）、竹（中價位）、梅（普通）這三種定食套餐當中做選擇，大數人都會點竹定食。

一般人決定餐點時，難免不安地想著：「如果我點梅定食，別人是否會認為我窮酸小氣」，或是「點松定食，會不會被視為豪奢炫富？」

尤其是「不想當最後一名，也不想出風頭遭人忌」的上班族，在職場上總是想維持中庸立場，在點餐時往往選擇竹定食。

訂價法 7

錨定效應訂價法

拋出「限定」誘餌，引導顧客做選擇

基於人們喜歡比較的心理，有人設計出一種「障眼法」，請各位務必留心注意。

假設你去餐廳用餐，服務生拿出以下的菜單，要你二選一。

沙朗牛排　二〇〇公克　二，〇〇〇日圓
骰子牛排　二〇〇公克　一，四〇〇日圓

二選一實在讓人難以抉擇，不過基於便宜，選擇骰子牛排的可能性很高。接下來，做為誘餌的菜單登場了。

如果要從下的菜單三選一，你會選擇哪一個？

沙朗牛排　一五〇公克　二，〇〇〇日圓

沙朗牛排　二〇〇公克　二，〇〇〇日圓（只限現在加量）

骰子牛排　二〇〇公克　一，四〇〇日圓

許多人應該會選擇中間選項「沙朗牛排二〇〇公克（只限現在加量不加價）」。

比較三個選項，如果選擇第一個的「沙朗牛排一五〇公克」，明顯就是吃虧。因為你可以用相同價格，品嘗二〇〇公克的沙朗牛排。

在比較沙朗牛排一五〇公克與二〇〇公克之後，點了二〇〇公克的人直覺認為，自己做出一個物超所值的選擇。因此，才會有這麼多人點了沙朗牛排二〇〇公克。

菜單上「只限現在加量」的訊息凸顯了稀少性。於是，在二選一時很少人點的沙朗牛排二〇〇公克，在三選一時會有好多人點。

在前述情況中，沙朗牛排一五〇公克成為一種心理誘餌，也就是誘導每個人做出抉擇的不利誘餌。

我們要提高警覺，不要受到影響。到餐廳用餐時，請告訴自己還是點想吃的菜吧！

用便宜為基準，注定會失敗

第二章介紹了網頁設計師兼插畫師A小姐案例，她因為報酬價格滑落而苦惱不已。分析這件事之後，我發現她報酬下跌的原因與錨定效應有關。

對於從事服務業的人而言，因為口碑佳而工作量增多，正是實力獲得認同的證明，會變得非常搶手。例如：A小姐工作效率高、態度嚴謹、作品質感佳，經過口耳相傳，工作量與日俱增。

但問題出現了，後來的工作報價都跟以前一樣，無法調漲。以A小姐為例，不需要什麼實力的低報酬成為基準，導致她後來一直為此苦不堪言。

從事服務業或自由業的人，必須留意「低價格錨定效應」產生的不利因素。製造業或物流業者，也要對低價格錨定效應提高警覺。如果起初基於「只有這次」的想法報出低價，以後要調漲可說是難如登天。

由此可知，想避開低價格錨定效應的風險，最初的態度最重要。當你銷售廉價商品或服務時，即使捏造事實，也一定要將訂價設定在高價格，然後告訴消費者「只限這次特別折扣」。

不管你的說詞是「只限這次特別折扣」，或是「試用價格」，只要想出各種理由即可。總而言之，一定要明確清楚地告訴顧客：「**其實成本很高，只限這次特價優惠**」，讓顧客產生物超所值的念頭。如此一來，後續的行銷工作便能持續提出高價格。

案例

MBT球鞋標榜「世界最小健身中心」，價格比別家貴一倍

在降價壓力強大的敗犬環境裡，一旦降價，將無法讓價格回到高價格。既然如此，應該一開始就設定有些誇張的高價格，再以「只限這次特別折扣」的形式來降價。

在此，透露兩招利用錨定效應心理特性的聰明訂價術，各位只要善用這兩個策略，就能成功訂出高價格。

①另一個錨定效應聰明訂價術

首先說明「另一個錨定效應」，這是讓買方與其他基準做比較。前一章介紹的MBT球鞋，標榜產品是世界上最小的健身中心，將價格訂為一雙三萬日圓。

如果把這項商品想成是球鞋，自然會覺得貴，但如果把它想成是健身中心，會覺得便宜划算。讓顧客認為MBT不是球鞋，而將它與健身中心的費用做比較，並改變自己的錨定基準，是一個可以立即見效的策略。

你現在販賣何種商品？做什麼樣的生意？請嘗試跳脫一般常識，為自家商品與從事職業，重新下個定義。

只要能夠改變顧客的錨定基準，就能找到通往高訂價之路。

②錨定效應無效策略

接下來介紹「錨定效應無效」策略。到目前為止，這是我最常使用的戰術，這項策略有許多祕訣，特別介紹給本書讀者。

其中，最重要的關鍵是要避開低價。絕不要跟不停削價競爭的敗犬在同一個環境裡廝殺，而要去尋找無人的藍海。

舉例來說，我將要與相聲表演者一起演講，主辦單位為了場地、舉辦時間、該付多少保證金等問題，而苦惱不已。

他們為什麼會煩惱呢？因為會計師與相聲表演者的同台演講，可說是前所未見。一向遵循前例來決定保證金金額的人，會認為這次的活動毫無基準能夠依循。這種情況之下，我方就可以掌握訂價主導權。

無從比較，就可以破解錨定效應。

想辦法創造附加價值或是營造客製化氛圍，任何手段都行。總而言之，就是要與眾不同。

請各位遠離一直在紅海中削價競爭的敗犬，立志成為在藍海中優遊自在的勝貓！

訂價法 8

「錨定效應＋回饋心理」訂價法

給個最低價，是瞧不起人嗎？

有人讓我開心買下五百萬日圓的高級車，也有人在不經意之間以一萬日圓得罪我。這是很久以前的事，當時某個公家單位邀請我去演講。

承辦人問我：「不好意思，預算並不多，但希望能邀請您來演講，可以嗎？」

我很清楚公家單位舉辦活動都會有預算限制，而且演講主題是為了活絡地方上的商店街，我很想接受邀請，希望能對商店街有些貢獻，於是告訴對方：「演講費多少都沒關係，我很樂意幫忙。」

然後，承辦人告訴我：「酬勞大約是兩萬至三萬日圓，等正式決定後，再跟您聯絡。」過了幾天，他傳電子郵件給我，上面寫著「酬勞兩萬日圓」。

說真的，當時我看到嚇了一跳，因為我的演講價碼一直都很高。對方表示酬勞大約是兩萬至三萬日圓，的確有兩萬日圓的可能性。但是，為什麼最後決定酬勞是兩萬日圓，而不是三萬？承辦人對此隻字未提。

就是差這一萬日圓把我惹惱了，迄今仍然無法理解這件事。我之所以生氣，原因在於錨定效應的心理作用。

一開始，承辦人表示酬勞大約是兩萬至三萬日圓，於是「三萬日圓」這個數字深深印在我的腦海裡。當結果是兩萬日圓時，我會覺得被低估、瞧不起，而出現負面情緒反應。

其實，承辦人一開始不應該說酬勞大約是兩萬至三萬日圓，如果他說酬勞大約是五千至一萬日圓，但最終價碼是兩萬日圓，我絕對會又驚又喜，並打從心底認為對方真是好人。

這個小故事讓我們重新認識錨定效應的威力。交涉談判高手絕對不會犯下這樣的錯誤。

如果一開始就祭出讓對方覺得「有利」的船錨（基準），交涉談判可能會遭遇瓶頸。相反地，假如一開始提出「不利」的船錨，後續會非常順利，交涉談判很容易成功。

前幾天到我辦公室修理器材的師傅，真是一位談判高手。起初我打電話請他來修理機器，他在電話裡詢問詳細情況，然後告訴我：「修理費可能需要二五，〇〇〇日圓。」

然後，實際修理完畢之後，他要求的費用是一九，〇〇〇日圓。頓時讓我有種賺到的感覺。

另外，當我們網路購物時，如果店家註明「幾日前送達」，但後來卻遲到，我們會覺得「服務怎麼這麼差」而不開心。但如果店家在指定日前提早送達，我們會認為服務良好。

由此可知，賣方或店家絕不能說出自己的理想目標。一旦你的理想目標成為顧客的「有利」基準，當理想目標無法達成時，只好等著顧客客訴吧！因此，我建議先對消費者明示「不利」的基準，這正是我取悅顧客的祕訣。

案例

葡萄酒專賣店提供無限試飲，居然讓淨利成長

日本人非常喜歡走中間路線。舉例來說，當想以五百萬日圓賣出的賣家，與想以三百萬日圓買進的買家交涉之際，會提議取中間值，以四百萬日圓成交的人，通常是日本人。

與人交易時，「彼此各退一步，取中間路線，讓雙方皆大歡喜」的作風，基本上在全世界都行得通。

其實，各國商務人士早就清楚，人類有偏好中間路線的心理傾向。但如果一開始就說出中間值，交易無法進行下去。因此，賣家會先在心裡推算中間值，以較高的數字開價。

「偏好中間路線」的心理作用，隱藏著「回饋」的想法。

回饋就是一種報償。就像在節慶或過年時收到禮物，一定要回禮，在談判交涉場合裡，常會出現「對方退一步，我也會退一步」的回饋想法。

在前述例子中，賣家原本出價五百萬日圓，後來退一步降為四百萬，原本想以三百萬買進的買家也跟著退一步，再添一百萬，於是售價變成四百萬日圓。像這樣彼此各退一步，再加上回饋心理，雙方各自承擔同等的損失，於是達成交易。

我經常光顧的葡萄酒專賣店「銀座WINAX」，提供無限試喝的服務。透過試喝多瓶的葡萄酒，可以比較各種不同的風味。

像我這樣的門外漢，如果只試喝一瓶，根本無從判斷美味與否。但如果能試喝許多瓶，就可以比較。這樣的服務真是太棒了。

於是，不只是我，所有試喝過的人開始啟動回饋心理。顧客會想：「這麼大方讓我試喝，一定要買點東西才行。」而且，假如提供試喝的是大企業，顧客的回饋心理不會產生作用；但如果是個人經營的小店，回饋心理的效用就非常強。

能讓客人開心回饋的店鋪，必定能夠訂出讓買賣雙方皆大歡喜的勝貓高價格。

最後，說明如何利用「錨定效應＋回饋心理」，順利進行交涉。

假設有位太太要向丈夫表示，想去夏威夷旅遊四天。箇中訣竅是：一開口務必製造出驚人效果。剛開始，太太要對先生說：「我想參加中南美洲十四天旅遊行程。」這時候，丈夫多半會說：「我沒辦法休那麼長的假，也沒那麼多錢，還有中南美洲有什麼好玩的……」，一直提出反對的理由。

這時候，太太馬上提出替代方案：「那麼，換成紐約七日遊吧。」先生當然會繼續祭出各種理由去拒絕，於是這個提議也一樣被否決。

最後，這位太太輕輕嘆口氣，自言自語地說：「不然，夏威夷四日遊也行。」在這個階段，太太已經從中南美洲之旅退兩步了，於是先生開始內心動搖，想要回饋。

習慣在職場採取中間路線的先生，最後一定會這麼想：「如果是四日遊，我可以向公司請兩天假，而且去夏威夷比較便宜。」如此一來，太太如願以償，可以到夏威夷旅遊。請各位好好試試這個訣竅。

本章重點

▼「將某個事物當做基準，並用這項基準判斷其他事物」的心理作用，稱為「錨定效應」。顧客唯有透過比較，才能知道損或得。

▼行銷時，一定要明確告知顧客：「其實成本很高，只限這次特價優惠。」

▼先對消費者明示不利的基準，是取悅顧客的祕訣。

＊編輯部整理

PRICING

第8章

不買會吃虧？用「規避損失訂價策略」，讓業績提升2.5倍

在敗犬充斥的時代，仍然有人成功達成高單價的買賣。這種人一定了解訂高價的祕訣。

但是，只懂得看數字或資料的人，絕對無法發現箇中奧妙。一句話惹惱顧客，與一句話讓顧客成為忠貞粉絲，兩者有什麼差異？只學習企業管理或會計學，根本無法理解。

我們何時會感到開心，何時覺得難過呢？

在何種情況下，顧客會毫不猶豫地購買高價商品呢？

本章將帶領大家窺探顧客內心之謎，找出「銷售量增加二・五倍的祕訣」。

案例

7-11集點卡觸動顧客「可惜」心理，創造來店動機

店家發行集點卡有三個目的

H集點卡的承辦人您好

我不太使用集點卡，不過我在皮夾裡放了唯一一張，就是貴公司的集點卡。貴公司集點卡的回饋金比例是消費金額的一％，這張卡已經累積到一萬日圓，也就是說，一年內向貴公司購買書籍的金額超過一百萬。

在個人消費者方面，應該很難找到像我這樣的消費大戶。容我自誇一下，我自認

是非常優良的顧客。

但是，我只偶爾收到貴公司寄來電子郵件推薦新書，從未收到其他資訊。如果我收到一封信，上面寫著：「看了很多書，眼睛和身體都很疲倦吧」，並附上一張按摩券，我一定非常開心。

或者，來信中寫著：「偶爾享用甜食，能有效消除疲勞」，並附贈巧克力，我絕對一輩子當貴公司的忠誠會員。

然而，我只收到推銷書籍的信函，確實有點落寞。像上述的小事，貴公司應該辦得到吧？

如果貴公司能針對這個問題進行討論，實感榮幸。

敬上

注：H集點卡是可以在丸善書店、淳久堂書店使用的集點卡。

現今可說是集點卡爆炸的時代。蔦屋書店T集點卡的發行數量，已經突破五千萬張。在超商業界，有7-11發行的nanaco卡、羅森（Lawson）發行的Ponta卡，至於其他超市、藥局也都發行集點卡。

對於沒有集點卡的我而言，這個世界可說是生活大不易。基本上，「折扣」是集點卡附加的實值效益。我認為現金折扣的方式比較簡單，又可以省下發卡的繁瑣手續與相關成本。

可是，為什麼各家企業依舊搶著發行集點卡呢？

現金折扣與集點卡都是利用折扣優惠，讓顧客以比訂價更便宜的價格購物，讓顧客覺得物超所值。但是，集點卡的「物超所值」還具有其他層面的含義。

集點卡會讓顧客產生「不用會浪費」的心理。顧客透過購物而集到點數，會為了用掉這些點數再度光顧。

換句話說，集點卡會觸動消費者內心的「可惜心理作用」，進而創造來店動機。

現在，各家公司的集點卡，在「物超所值感與可惜心理作用刺激」方面，似乎做得非常成功。但是，集點卡的功用不僅如此。

最近的集點卡還有第三個目的，那就是蒐集顧客的購物資訊。

由於「銷售時點訊息系統」收銀機或是通訊機器等IT產品日益發達，店家可以蒐集到大量的顧客資訊，並加以管理（譯注：銷售時點訊息系統〔Point of Sales System〕又稱作POS系統，可以透過收銀機等自動讀取設備，在銷售商品時取得商品名稱、單價、銷售數量、銷售時間、銷售店鋪、購買顧客等訊息）。

現在，對於出示集點卡的顧客，透過收銀機可以讀取所有的消費訊息，例如：在哪家店、什麼時間、買了什麼東西等。然後，店家整理並分析這些資料，當做擬訂行銷策略的參考。由於資訊通訊技術進步，當今的資訊系統已經可以瞬間讀取大量顧客資料，並加以分析。

不過，重要的類比分析能力似乎還在原地踏步。迄今，依然停留在使用發票、收據聯來推薦各別商品，或以簡訊、電子郵件寄發推薦文的階段。

「我想把商品賣出去」這種以自我為中心的想法，實在是一大障礙。

用行為經濟學為數位化問題解套

資料分析並非萬能，不論是多麼詳細的分析，還是會有盲點。就像在錄音帶轉換為CD之際，會出現漏音，所有的數位資料都會有遺漏之處。

資料會詳細告訴我們顧客購買的地點、時間、品項。但是，資料卻無法告訴我們顧客明天會買什麼商品。關於這一點，我們只能擬訂假設。

到了現在，我們也該清醒，徹底明白數位技術的極限。雖然進入了數位科技、線上網路、全球化的時代，但是大家都把焦點鎖定在處理數位化的數字與資料，以及與其相關的會計學、統計學及資料分析等領域。

職場也推動IT化，街頭商家紛紛推出集點卡。但是，數位化越進步，業者對於顧客的體貼越遲鈍，不懂得提供顧客具有療癒效果的小禮物，例如按摩券或巧克力等，讓所有的事物都失去趣味。

於是，過於偏向數位化的鐘擺決定反撲，重新回歸到與其對立的類比化世界，而行為經濟學也應運而生。我認為，行為經濟學是類比化再度抬頭的結果。

我一再強調，行為經濟學就是商業心理學，一邊解讀人心，一邊營造歡愉或舒適的勝貓感性氛圍。這門學問將所有事物在數位化過程中遺漏的心理因素，重新拾起並仔細因應。

數位化的敗犬競爭是減損人性的行為，在這樣的世界裡，效率和生產力成為主要關鍵，而且經常降價。相對地，類比化的勝貓世界則是要打造舒適自在的空間，而且主要關鍵是感性與共鳴，只要有支持者就不需要降價。

現在，不論是待在家裡、職場或是漫步街頭，所有的場所都已被數位化入侵，而且數位化的副作用也已經開始顯現。

當我們遺忘了類比的感性，一味追求數位化時，會發生什麼事？

接下來，我將介紹我自己的慘痛經驗。

訂價法9

緩解心理訂價法

冰冷業務員讓我對愛車依依不捨

我駕駛那輛向林文子購買的ＢＭＷ很多年，它確實相當舒適。但是，家中成員變多之後，我決定要換車。為了尋找空間大一點的休旅車，我跑了好幾家位於自家附近的大型汽車經銷店，最後終於選定車款，與業務員進行洽談。

幾天後，在出售愛車的估價日，我開著ＢＭＷ前往經銷店。

我開車剛到店門口時，一位男性業務員走過來對我說：「你可以把車子停在這裡嗎？」我問：「一些證件和車鑰匙怎麼辦？」

他回答：「就留在車上，因為要辦理新車過戶手續，請跟我來。」

我與愛車的道別就這樣匆匆結束，當時準備辦理手續的我，心中不禁充滿怒氣。這輛我駕駛多年的愛車，為我和家人製造許多美好回憶。當家庭成員多一人、兩人時，每次開車出門，車內氣氛變得更加熱鬧歡樂。這輛BMW記錄我們一家人的生活點滴，在我們心目中，它不是車子而是家庭的一份子。

即使如此，我並不是要與愛車拍攝最後紀念合影，也不是想採取什麼具體行動，只是覺得落寞、依依不捨。

但是，這位業務員完全不了解我的心情，以一貫的制式程序處理我的BMW。當時，我的腦海裡響起「多娜・多娜」（Donna Donna）這首歌的悲傷旋律。

我對這位業務員產生不信任感。不過，就商業人士而言，他的作法並沒有錯，他禮儀端正、效率極佳，但讓人覺得缺少了什麼。

案例

二手回收商如何破解人們對物品的依戀？

有一次大家一起外出用餐時，突然有位女性朋友說：「不曉得為什麼，就是討厭這間餐廳。」

女性覺得討厭時，通常沒有具體理由。我回想出售BMW時的遭遇，我對那位業務員也產生莫名的憤怒。

直到很久以後，我才知道行為經濟學的「持有效應」，正是這種無來由討厭或憤怒的最佳解釋。

人們對於自己擁有的物品會產生依戀的感情，而且認為它的價值很高。因此，在割捨這項物品時會感覺心痛，這就是持有效應。

那位汽車經銷商的業務員，應該是遵照標準工作手冊在辦事。

他為了達到業績目標，努力推銷新車，心中已經深植數位化的工作態度：遵守標準作業程序，以笑容接待顧客，並照指示處理業務，而完全忘記要去碰觸顧客的內心世界。如果他能走到舊車身邊說：「辛苦了，你的主人很愛惜你」，我的感受絕對截然不同。但是，他沒有說出這句話，讓我迄今依舊感到不快。

工作手冊當中，並不會註明業務員要跟客戶說：「辛苦了，你的主人很愛惜你」，而且也無法以數字表示。事實上，不會說這句話的人越來越多。可是，這不是我們的錯，這都是數位化的副作用。

在某場演講裡，我說了愛車BMW的估價故事。

結束後，某位女性聽眾來跟我打招呼，她是中古商店的經營者。她對我說：「聽了老師的演講，覺得背脊發涼。」

幾天後，收到這位老闆的來信。她在信中說，她向員工轉述這個故事，並且大家有了共同的決定：今後的經營方針是「連回憶也一起收購」。

沒錯，這樣的心情與感受，正是我當時想要的感覺。中古商店的店員，如果抱持著「連回憶也一起收購」的心意，應該能自然而然說出：「辛苦了，你的主人很愛惜你。」

這只是很簡單的一句話，卻可以安慰顧客的心。在店員說出口這一句話的當下，店員與顧客產生同理心，並且營造了舒適的勝貓環境。

這位回收商店經營者聽了我的演講，感到背脊發涼，她就是因為擁有這樣的感性，才可以打造出舒適空間。一味相信資料分析結果的商務人士，將開始察覺自己的感性逐漸流失。

在全球化競爭激烈的汽車產業中，前面提及的那位汽車經銷商業務員，在敗犬環境下奮戰，可說是努力提升營業額的戰士，結果變得對顧客缺乏同理心與溫情，雖然彬彬有禮，卻態度冷漠。

相對地，前面提及的那位回收商店女性經營者，決定連回憶也一起收購，可說是擁有勝貓感性的人。日後，那一家會讓人說出「很開心東西被收購」的店鋪，必定能夠培養出許多忠誠粉絲。

營造勝貓空間的訣竅，有三個步驟

許多資訊業者、服務業者常會說「解決問題」。尤其是企管、會計、資訊相關領域的諮詢顧問，總是將這種說法掛在嘴邊。

他們往往運用「確認問題所在，以邏輯思考找出解決方案」這樣的方式，有效率地解決問題，於是遺忘了同理心。因此，擅長解決問題的男性諮詢顧問菁英，離婚率偏高。

我的朋友A諮詢顧問就是活生生的例子。當他工作一整天，拖著疲累的身軀回到家時，躺著的太太對他說：「我好像發燒了。」於是，他問太太：「妳量體溫了嗎？」

結果他太太生氣地說：「為什麼你總是這種態度！討厭，給我出去！」他就這樣被趕出家門。

A一臉茫然對我說：「實在很莫名其妙。」

我揶揄他：「這是你的不對。大嫂希望你能感受她難受的心情，能溫柔地說『妳一定很難受吧』，而不是要你馬上解決問題。」所有的諮詢顧問都應該明白這個道理。

聽明的顧問不管有沒有把客戶的話聽完，首先想到的是要解決問題。不過，這樣做是不行的。在聽完客戶的陳述之後，應該誠心接受他的煩惱，然後附和對方的想法說：「這真是傷腦筋呢」，讓他覺得你可以感同身受，最後才是思考該如何解決問題。

傾聽煩惱↓與對方感同身受↓思考解決方法

這三個步驟是打造勝貓空間的訣竅。A大哥，你明白了嗎？千萬別再被大嫂趕出去了。

案例

壽險公司打出動人廣告，訴求客戶「規避損失」心理

讓家人規避風險，所以買保險

一九八四年，在日本泡沫經濟崩潰前，日本生命保險公司推出一支廣告，造成熱烈討論的話題。

在廣告中，名演員高倉健自言自語地說：「我是個沒用的男人……。」許多男性不知該如何對妻子與孩子表達愛意，於是這句話深深擄獲他們的心。恐怕有許多男性看了這支廣告之後，紛紛去買保險吧。

不過，日本人本來就喜歡買保險，例如：壽險、醫療保險、防癌保險等，每個月

光是保費就要繳交好幾萬日圓。但是，日本人用於投資股票的金額非常少，只是其他國家的數分之一。為什麼會是這樣呢？

答案是：相較於投資股票賺錢，想讓家人規避風險的想法更為強烈。行為經濟學將這樣的心理作用稱為「規避損失」。

相較於賺錢，更不想損失。相較於成功，更不願意遭遇失敗。家族旅遊當然好，但更不希望家人流落街頭。

與其創造正面結果，更希望能規避負面結果，就是所謂「規避損失」的心理。

這個心理作用越強烈，就越會將購買保險以規避風險，擺在投資股票賺錢的前面。

其實，規避損失是人類先天具備的心理特性。人類從小型哺乳類不斷進化，歷經了漫長艱辛的道路。因此，我們的祖先能立刻察覺即將降臨的損失或危險，並加以規避，也才有現在的我們。

悲傷的強度是喜悅的二・五倍

假設你購物時，在收銀機附近撿到一萬日圓，撿到錢當然開心。再假設你又去購物，卻在日後發現弄丟一萬日圓，丟了錢當然會難過。

「撿到一萬日圓的喜悅」與「丟了一萬日圓的難過」，兩者的情緒正好相反。但長久以來，經濟學都假設兩者的情緒反應有同樣的強度。

如果金額都是一萬日圓，撿到時的喜悅與弄丟時的難過，在程度上是相等的。這是經濟學「合理性」的假設。

但是，行動經濟學之父康納曼卻直接否定這個合理性。他說，合理性是錯誤的想法，並且提出以下的理論：

悲傷的強度是喜悅的二至二・五倍。

康納曼所言不虛。人撿到一萬日圓時，會開心請客；但弄丟一萬日圓時，會傷心很長一段時間（作者注：本段落純粹以經濟學角度來分析，請忽視撿到錢要交給警察的法律規定）。

康納曼透過一次又一次的實驗，證明「悲傷的強度是喜悅的二至二・五倍」。

- 臉書增加一位新朋友的喜悅，小於被一位臉書朋友刪除好友的悲傷。
- 告白後順利交往的喜悅，小於告白後被拒絕的悲傷。
- 跳槽後獲得的幸福感，小於跳槽失敗感受到的艱辛。

由於人類悲傷的強度大於喜悅，因此採取規避悲傷的行為，這就是規避損失：

- 不想被刪除好友，因此在臉書上淨寫些不會得罪人的內容。
- 避免告白後被拒絕的傷感，因此選擇不對心儀的人告白。
- 不希望跳槽失敗後倍感艱辛，因此選擇繼續待在目前的公司。

在商業世界裡，規避損失的作用更強烈，例如：不希望虧損、想逃離不安、不想被討厭等。再舉個最熟悉的例子，開會時不發言也是基於規避損失的心理作用。會議中成功發言的喜悅，小於發言失敗的羞辱感，因此最後選擇不發言。

前述愛車例子所介紹的持有效應，也是一種規避損失的心理。當使用愛車的時間越久，對它的感情越深，脫手時的痛苦也會更強烈。

當人們感覺如此心痛時，如果能聽到舒緩疼痛（損失）的一句話，就能產生規避損失的作用。

第六章提及的Skippy花生醬，或是哈根達斯冰淇淋的實質漲價，正是規避損失心理發揮作用的最佳典範。

顧客看到價格上漲會不開心，業者為了不讓顧客難過，而減少內容量，不僅成功地規避損失，又達到漲價的效果。

另外，第七章錨定效應所介紹的心理誘餌選擇，也是規避損失心理作用的結果。

沙朗牛排　一五〇公克　二，〇〇〇日圓

沙朗牛排　二〇〇公克　二，〇〇〇日圓（只限現在加量）

骰子牛排　二〇〇公克　一，四〇〇日圓

在三個選項中，為什麼顧客最後會選擇沙朗牛排二〇〇公克？原因在於，在比較沙朗牛排一五〇公克與二〇〇公克之後，顧客認為既然價格相同，選擇前者會吃虧，因此想要規避損失，而選擇沙朗牛排二〇〇公克。

心理誘餌的功用，就是要讓顧客清楚知道，什麼樣的選擇會使自己吃虧，而成功避開損失。

案例

伊藤洋華堂舉辦「以舊換新」活動，擄獲人心

勝貓感性才能解決顧客煩惱

如果將規避損失的心理應用在商場上，效果會非常強大。康納曼說：「悲傷的強度是喜悅的二至二・五倍。」根據這個原理，只要調整行銷訊息，立刻可以大幅提升銷售數量或單價。

與其強調優點，不如努力避開缺點。與其傳授成功祕訣，不如告訴對方如何解決困擾、煩惱或不安，會更讓人感動。

藉由緩和與消除困擾、煩惱及不安的情緒，成功提高單價的方法，被稱為「緩解

心理訂價法」。所有的商品和服務都適用這種訂價法。

相較於文化社團的收費，婚友社的費用單價明顯高出許多。解決毛髮稀疏問題的生髮劑，單價是洗髮後護髮素的好幾倍。我們身處的時代充斥各種煩惱，因此能舒緩痛苦、解決困擾的「緩解心理訂價法」，當然有效果。

越是對自家商品或服務有自信的經營者，越喜歡強調商品或服務的特點，例如：「我們家的商品非常棒，使用壽命長，而且便宜。」

這樣以自我為中心來展現優點的行銷方法，用於工業產品很有效。但如果用在現今的資訊業、服務業，未免有些不合時宜。因為，新的資訊業與服務業時代已經來臨，我們非得改變想法不可。

首先，仔細觀察消費者。在資訊業、服務業、諮詢顧問業，商務人士會把自己擺一邊，先仔細觀察眼前的客戶，誠懇直視對方遭遇哪些困擾或煩惱。然後，全面接受客戶的問題，並且以同理心協助對方解決問題。

「緩解心理訂價法」的重點，並不是解決問題的方案，而是敏銳的觀察力，也就是說，你要完全啟動五種感官，找出客戶感到困擾、煩惱或不安的原因，並且加以解決。

以自我為中心的敗犬戰士，最不擅長找出客戶的困擾或煩惱。唯有女性的勝貓感性，才可以察覺問題真正的徵結。

舊衣物抵價，比優惠券更受歡迎

日本的大型連鎖超市集團「伊藤洋華堂」，善於使用緩解心理訂價法，感動顧客的心。

迄今，伊藤洋華堂已成功舉辦過許多次「以舊換新促銷會」。舉例來說，在二〇〇八年底的促銷會中，推出「服飾消費金額達五千日圓，可用舊衣物抵價一千日圓」的企畫，結果大獲成功。後來，也以各樣商品為對象，舉辦相同的活動。

既然有舊車抵價讓顧客生氣的故事，當然也有抵價策略讓顧客開心的事例。這兩者的區別，就在於能否解讀顧客的內心。

請問各位一個問題：家裡衣櫥中有沒有長期不穿的衣服？

它們可能是顏色鮮豔的襯衫，或是太過華麗的外套。我們雖然已經不穿了，卻捨不得丟掉，尤其是高價服飾更是難以割捨。

我們內心深處始終潛藏著「捨不得丟」的想法，這蘊含了規避損失的心理作用。這個心理作用的起源，是「不想承認自己買錯商品」的想法。我們會告訴自己許多藉口，例如：「總有一天會穿」、「或許以後還會再度流行」，卻不想承認自己買錯商品。

「明明知道沒有機會穿上衣櫥裡的某些衣服，卻還是捨不得扔掉」，就是標準的規避損失心理。

尤其，對於那些「因為變胖而穿不下，但非常喜歡的衣服」，更是捨不得丟，因為丟掉那些衣服等於承認自己肥胖又懶惰。於是，內心祈禱「如果變瘦，就可以穿了」，繼續將衣服扔進衣櫥冷宮裡。

有鑑於前述原因，伊藤洋華堂鎖定捨不得丟掉舊衣服的顧客，推出以舊換新的促銷活動：「請帶舊衣服過來，立刻幫您折抵一千日圓」。結果，這一招真的奏效了。

許多已將衣服鎖進衣櫥的人，紛紛把衣服找出來，拿到伊藤洋華堂去抵價。據說，拿到折抵費用的人都自然而然地說出「謝謝」。

相較之下，顧客拿到優惠券或集點卡時，不會向店家道謝。其實，對於從煩惱和痛苦中解脫的人而言，「謝謝」是他們靈魂的吶喊。

我們的商品能幫顧客解決什麼問題？

迪諾斯（Dinos）家具公司，對於消費一定額度的顧客，提供「收購大型舊家具」的服務。

當人們購買家具時，尤其是女性顧客，難免會煩惱舊東西該如何處理。對於有這個困擾的顧客，提供收購舊家具的服務，是緩解心理訂價法的一種行銷手法，確實非常有吸引力。

Quick Wipes吸塵器，以「嬰兒睡覺時也可以放心清掃」的口碑行銷，創造出搶購風潮。這個案例就是利用緩解心理訂價法，來解決「使用吸塵器會吵醒孩子」的困擾。

噴霧沐浴機廠商推出產品時，不是將焦點擺在傳統的「美容、放鬆」等功能，而是打出「讓照護老人更輕鬆」的口號，造成暢銷熱賣。其原因在於，幫長輩洗澡確實是一件不容易的事。

e-zakkamania store的實體商店Styling Lab，專門為不知道該如何穿搭的女性顧客，提供適當建議，等於提供一個輕鬆解決問題的場所。

以上的案例，全都成功地舒緩或解決顧客的困擾、煩惱、不滿及不安。我們應該向它們學習，並嘗試思考：

我們提供的產品與服務，能幫消費者解決哪方面的困擾或煩惱呢？

請各位認真思考，或許從此你不會再想出過時的紅海創新策略，而是發現因應潮流的藍海創新策略。

在敗犬競爭過程中，大企業摸索在紅海中致勝的革新技術或商業模式，但是一直無法找到紅海創新策略。結果，只好以規避風險為核心，針對消費者提出商務作法。日本企業原本就極端討厭風險，為了規避風險投入大量資源。

舉例來說，日本政府在決定引進MY NUMBER（個人編號）制度時，為了安撫國民「恐有個人情資外洩風險」的反對聲浪，提出新系統方案（譯注：MY NUMBER是一組12位數的個人編號，類似身份證號碼。過去日本人沒有所謂的身分證，而是發給每人住民票編號、基礎年金編號、保險編號等，為了提高行政效率，於是決定統一所有編號）。

以行為經濟學觀點來看，這類安撫不安的提案會有一定的效果。不過，一味規避風險的作風，完全看不到夢想或希望，也感受不到溫馨。

所以，我們是不是應該轉移目標，朝藍海創新而努力呢？

藍海創新絕不是多麼了不起的技術，不需要擬訂龐大的事業計畫，也不需要投資設備。只需要重新審視長期被遺忘的消費者心理，提出溫馨的心靈創新。

現在，請再次仔細觀察顧客，了解他們有什麼困擾或煩惱。請務必培養敏銳的觀察力，洞悉問題的所在。

「劣質訂價」是敗犬追求冷酷無情的削價競爭。
「優質訂價」是勝貓追求溫馨歡樂的高價競爭。

「優質訂價」不是「B to C」（Business to Customer，企業對消費者）的模式，也不是「B to B」（Business to Business，企業對企業）的模式。

人與人相遇，除了商業往來之外，更要思考如何帶給對方歡樂。讓自己成為勇於說出感性話語的人，提出優秀創意，這就是數位時代所要追求的創新。

本章重點

▼集點卡會觸動顧客的「可惜心理」，創造出顧客的來店動機。

▼打造勝貓空間有三個步驟：①傾聽煩惱、②與顧客感同身受、③思考解決方法。

▼心理誘餌是要讓顧客清楚知道，什麼樣的選擇會使自己吃虧，以成功避開損失。

▼店家應該經常思考：「我們提供的產品與服務，能幫顧客解決哪方面的困擾或煩惱？」

*編輯部整理

後記

問3個問題，找到優質訂價的關鍵

景氣有略微回溫的徵兆，但仍然不能掉以輕心。未來你能否擁有幸福人生呢？在進行本書總整理之際，我提出「決定未來」的三項查核點：

①變動成本低、固定成本比例高的相關產業

②追求數位科技、線上網路、全球化的相關產業

③任職於大企業，只會到辦公室和居酒屋，沒有娛樂場所的男性

如果你完全符合以上這三項，真的必須提高警覺。未來，你很可能努力也得不到回報，還會因為過勞、壓力、酗酒而搞壞身體。造成這樣的結果，絕對不是你自身的責任。

你只是選錯環境，讓自己身處在超乎想像的不幸職場。在這樣的環境裡，到處充斥著廝牙裂嘴的敗犬，害得你總是感到不安，無法輕鬆賺錢。

因此，你要趕快逃離如此惡劣的環境，尋找勝貓的場所。不過，你不需要為了前往勝貓之地，而學習技術或進行研修。

只要完成以下三個問題，每個人都能夠如願以償。請各位一定要捫心自問：

①你是個會讓人一直想見面的人嗎？

②你是個能帶給身邊人歡樂的人嗎？

③你清楚知道什麼樣的顧客討厭你嗎？

假如你完全符合以上這三項，即使身處數位時代，也能夠找到自己精緻小巧的舒適空間。當社會上需要這樣的人才時，你可以馬上貢獻一己之力。

假如你能前往勝貓之地，請試著尋找。我相信，你必能找到優質訂價的關鍵。

致謝辭

這次，我下定決心撰寫「屬性為會計學，但不是講述會計學」的作品，而且選擇「價格」做為主題。

原因在於，我相信對商務人士而言，訂價是最重要的課題。如果沒有改善訂價策略的陋習，就無法打造出優質企業。

我懷抱著遠大夢想著手撰寫本書，到完成的那一刻為止，歷經漫長的歲月，也把自己搞得筋疲力盡。

我能堅持到最後一刻，全都要感謝一直以來參加我的課程、研討會及讀書會，並與我感同身受的學員們。

你們來自全國各地，參加我的課程或活動，好奇心旺盛。你們立志成為「獨立個體」的志向，給予我最大的激勵。我想創造一個能讓你們挺起胸膛、認真生活的世界，並將這份心願灌注在本書裡。

網路商店業者辛苦經營事業的故事，成為我創造出「敗犬」名詞的靈感來源。希望各位千萬不要被敗犬擊倒！

女性孫子讀書會的會員，教導我如何培養出女性的感性與同理心。今後，我們也要一起在歡樂的空間裡學習，還請各位多多指教。

接著，致我未曾謀面的讀者。在撰寫本書時，我想像你們因為閱讀本書，而激發出鬥志的開心模樣。如果這個願望能夠實現，將是最令人愉悅的事。

而且，我還要衷心感謝編輯赤木裕介先生，以及一直陪在我身邊檢查原稿的弟子小春。

此外，對於閱讀本書至最後一頁的讀者，非常感謝你們的支持。從今以後，讓我們一起朝向勝貓的世界前進吧！（其實，我喜歡狗，並不喜歡貓。）

NOTE

NOTE

NOTE

國家圖書館出版品預行編目資料

行銷高手都想上這堂訂價科學：9 方法，讓你學會「算透賺三倍」的技術！／田中靖浩著；黃瓊仙譯
-- 三版. --新北市：大樂文化，2022.10
272 面；14.8×21公分 . --（Biz；089）
譯自：良い値決め 悪い値決め：きちんと儲けるためのプライシング戦略
ISBN：978-986-5564-91-9（平裝）
1. 價格策略
496.6　　111003440

Biz 089

行銷高手都想上這堂訂價科學（珍藏版）

9 方法，讓你學會「算透賺三倍」的技術！

（原書名：行銷高手都想上這堂訂價科學）

作　　者／田中靖浩
譯　　者／黃瓊仙
封面設計／江慧雯
內頁排版／思　思
主　　編／皮海屏
發行專員／鄭羽希
財務經理／陳碧蘭
發行經理／高世權、呂和儒
總編輯、總經理／蔡連壽
出 版 者／大樂文化有限公司（優渥誌）
地址：新北市 220 板橋區文化路一段 268 號 18 樓之一
電話：(02) 2258-3656
傳真：(02) 2258-3660
詢問購書相關資訊請洽：(02) 2258-3656

香港發行／豐達出版發行有限公司
地址：香港柴灣永泰道 70 號柴灣工業城 2 期 1805 室
電話：852-2172 6513　傳真：852-2172 4355

法律顧問／第一國際法律事務所余淑杏律師
印　　刷／韋懋實業有限公司

出版日期／2016 年 8 月 22 日 初版
2022 年 10 月 31 日 珍藏版
定　　價／320 元（缺頁或損毀，請寄回更換）
I S B N　978-986-5564-91-9

大樂文化

大樂文化